Jan Reuter

Das selbstbestimmte Unternehmen

Für meine Eltern
Ute und Hermann Reuter

Jan Reuter

Das selbst-bestimmte Unternehmen

Fünf Strategien für konsequenten (Unternehmer–)Erfolg

Bibliographische Information der Deutschen Nationalbibliothek
Die Deutsche Nationalbibliothek verzeichnet diese Publikation in der
Deutschen Nationalbibliografie; detaillierte bibliografische Daten
sind im Internet über http://dnb.d-nb.de abrufbar.

ISBN 978-3-86936-836-8

Redaktionelle Textbetreuung: Dr. Sonja Ulrike Klug |
www.buchbetreuung-klug.com
Umschlaggestaltung: Martin Zech Design, Bremen | www.martinzech.de
Titelfoto: Jacob Lund | Fotolia
Illustrationen: Petra Graf | www.petragraf.com
Autorenfoto: James C. Walker | www.shyboyfotography.com
Satz und Layout: Lohse Design, Heppenheim | www.lohse-design.de
Druck und Bindung: Salzland Druck, Staßfurt

www.gabal-verlag.de
www.facebook.com/Gabalbuecher
www.twitter.com/gabalbuecher

Inhaltsverzeichnis

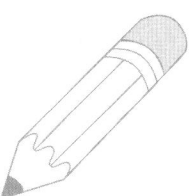

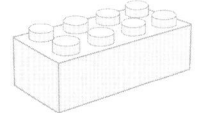

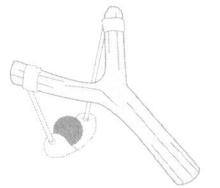

Vorwort von Benjamin Wessinger

Eigentlich lese ich keine Management-Bücher mehr. Zu oft hatten sie zu wenig mit meinem eigenen Berufsleben und meinen Erfahrungen zu tun, so dass ich den Autoren ihre Ratschläge nicht abgekauft habe.

Dass ich bei diesem Buch eine Ausnahme gemacht und es nicht nur gelesen habe, sondern auch empfehle, liegt daran, dass „Das selbstbestimmte Unternehmen" einen Unterschied zur üblichen Management-Literatur macht: Es basiert auf den eigenen unternehmerischen Erfahrungen des Autors. Jan Reuter weiß, worüber er schreibt, denn er selbst ist mit seinem eigenen Unternehmen sehr gut aufgestellt.

Obwohl er unter den gleichen (schwierigen) Rahmenbedingungen wie alle anderen Apotheken in Deutschland in einem harten Konkurrenzumfeld arbeitet, führt er nicht nur außerordentlich erfolgreich seine inzwischen recht große Apotheke in einer kleinen Stadt, sondern es gelingt ihm auch, sich selbst und seine beruflichen Tätigkeiten gut zu organisieren. Nebenher hält er noch Vorträge, dreht Videos und schreibt Bücher – und trotzdem ist noch genügend Zeit für seine Familie, für sich selbst und für seine Hobbys. Daher können Sie, liebe Leserin, lieber Leser, davon ausgehen, dass an seinen Ratschlägen etwas dran ist.

Vielleicht gehören Sie zu den vielen kleinen und mittelständischen Unternehmern und Selbstständigen, die nachts schlecht schlafen und tagsüber mit Bauchschmerzen herumlaufen, weil ihr Geschäft ihnen mehr als nötig Probleme bereitet und sie das Gefühl haben, wie fremdbestimmt in einem Hamsterrad zu laufen, aus dem es keinen Ausstieg zu geben scheint: Konkurrenzkampf hier, Preisdruck da, sinkende Kundentreue dort, dazu noch viel zu viele Vorschriften und Bestimmungen, die eingehalten werden müssen ... All das ist ja heutzutage nicht nur in der Apothekenbranche, sondern in allen Branchen zu beobachten und bestimmt den Alltag vieler Unternehmer und Selbstständiger.

Ich empfehle Ihnen nachdrücklich dieses Buch, um Ihr Unternehmen (und sich selbst) wieder dorthin zu führen, wofür Sie einst angetreten sind: in die Selbstbestimmung – in die Freude und den Elan, den Unternehmertum tatsächlich bedeuten kann und den Jan Reuter selbst lebt und vorlebt.

Lassen Sie sich inspirieren, beraten und beglücken, lachen Sie mit dem Autor und seinem Bär Bruno über seine köstlichen Unternehmensdiagnosen und Beispiele – und nehmen Sie so viel „Medizin" wie möglich für Ihr eigenes Unternehmen mit, um sich optimal am Markt aufzustellen und vor allem selbst zufrieden und glücklich zu werden!

Apotheker Dr. Benjamin Wessinger
Chefredakteur der Deutschen Apotheker Zeitung und Verlagsleiter
beim Deutschen Apotheker Verlag in Stuttgart

Einführung:
Life is short, play more

Hat der Titel meines Buches Sie angesprochen? Das freut mich, denn das Leben ist zu kurz, um es fremdbestimmt zu verbringen. Ihr Leben ist zu kurz, um es fremdbestimmt zu verbringen! Und obwohl mein Buch „Das selbstbestimmte Unternehmen" heißt, nehme ich damit nicht nur Bezug auf Ihr Unternehmertum und Ihr berufliches Leben, sondern auch auf Sie als Mensch.

Kennen Sie diesen irrwitzigen Film auf Youtube (Youtube (1), 2009), der unseren „Flug durchs Leben" schön überspitzt und doch punktgenau in bewegten Bildern herüberbringt? Dieser Flug findet quasi in Überschallgeschwindigkeit statt: Eine Mutter presst und presst bei der Entbindung, und der Säugling kommt auf einmal aus ihrem Körper herausgeschossen. Wie eine Kanonenkugel fliegt er weiter und immer weiter durch die Luft und die Wolken. Dabei scheint alles nur grauenerregend zu sein: die Geschwindigkeit, die Flughöhe, das Leben an sich. Während des Fluges altert das Baby, wird zum Kind, zum Jugendlichen, zum Mann, zum Greis – und schreit und schreit ohne Unterlass. Kommt der Mensch überhaupt einmal dazu, den Blick in die Wolken zu genießen? Die Kälte des Gegenwindes oder die Sonnenstrahlen auf seiner Haut zu spüren? Sieht er, was unter ihm alles vorgeht? Er schafft es vor lauter Geschrei noch nicht einmal, irgendjemanden kennen zu lernen, geschweige denn eine Beziehung zu einem Mitmenschen aufzubauen. Warum schreit er überhaupt so laut? Will er die Scheuklappen dicht machen, sich abschotten und am Spielfeldrand sitzen bleiben?

Vor lauter Schreien bemerkt er rein gar nichts von dem eigentlichen Abenteuer, von der unendlich spannenden Reise durchs Leben. Und dann kommt die Punktlandung: Friedhof in Sicht, offenes Grab, Sargdeckel auf, weißhaariger Greis rein und Klappe zu. Das war's – aus die Maus. Soll das etwa alles gewesen sein? Eines ist klar: Dieser Mensch hat nichts von der Musik gehört, bevor das Lied vorbei war.

Mit Vollgas ins Nirwana

Das Schlimme ist, dass viele von uns im Leben genau so oder ganz ähnlich unterwegs sind. Solch ein Leben hat leider rein gar nichts mit Selbstbestimmung zu tun. Der Mensch im Film fliegt einfach mit Vollgas durchs Leben, mit dem Momentum, das er bei seiner Geburt mitbekommen hat – wie ein einmal abgeschossenes, aber ungesteuertes Projektil. Und so, wie das im Film aussieht, merkt er gar nichts davon, dass dies sein ganz ureigenes Leben ist – und verpasst die große Chance, etwas ganz Bestimmtes und sehr Individuelles daraus zu machen. Dieser Mensch wird zwar alt und ist ein Greis, als er im Grab „landet", aber vom Leben hat er trotzdem nichts gehabt. Oft ist es leider genau so: Wir sterben gar nicht zu früh. Wir leben einfach nur zu wenig.

Ich glaube fest daran, dass wir nicht nur das Recht haben, ein selbstbestimmtes Leben zu führen, sondern sogar die Pflicht dazu. Wir sind hier, um unsere einzigartige und unverwechselbare Individualität zum Ausdruck zu bringen, und die Welt durch sie zu bereichern – sie zu einem Ort zu machen, der jeden Tag ein kleines Bisschen besser wird. Ob das immer gelingt, steht sicher auf einem anderen Blatt. Aber es ist auf jeden Fall den Versuch wert.

Wenn wir unser Leben einfach so wegwerfen, dass wir fremdbestimmt agieren und nicht den Michelangelo aus uns herausholen, ist das so wie Miles Davis ohne Trompete, London ohne U-Bahn, Mercedes ohne Stern, Oktoberfest ohne Bier und verliebt sein ohne Schmetterlinge. Ich habe mir seit einigen Jahren folgende Aufgabe in den Kalender eingetragen: Jeden Mittwoch und jeden Samstag, pünktlich zur Ziehung der Lottozahlen, klingelt mein Handy und erinnert mich an meinen allergrößten Lottogewinn: mich selbst! Kein Scherz – ich lasse mich zweimal in der Woche von meinem Handy auf den Sechser mit Zusatzzahl hinweisen: die Tatsache, dass ich existiere.

Vielleicht schütteln Sie den Kopf und denken: „Michelangelo hin, Abenteuer des Lebens her – ich bin als Selbstständiger, Einzelhändler oder Unternehmer voll engagiert. Weiß der Autor überhaupt, wie eng es im Geschäft inzwischen geworden ist? Wettbewerb, Preisdruck, wählerische und untreue Kunden, die Branche ein Haifischbecken, zunehmende Austauschbarkeit von Produkten und Dienstleistungen. Jeder Tag ist ein einziger Kampf ums Überleben. Außerdem zu viel Stress, der mir als Unternehmer zu schaffen macht. Ich werde nicht jünger, und ich fühle mich, als ob ich langsam, aber sicher am Limit laufe ...“

<aside>Warum ich weiß, wovon ich spreche</aside>

Dazu kann ich Ihnen versichern: Ja, „er“ weiß es! Ja, ich weiß, wie Sie sich fühlen. Denn ich bin einer von Ihnen. Als Apotheker und mittelständischer Unternehmer schwimme ich selbst im Haifischbecken. Ich habe mir Konzepte ausgedacht und Fortbildungen besucht – immer mit dem Ziel, mich besser zu positionieren, mich zeitlich zu entlasten und dabei womöglich noch eine bessere Rendite zu erwirtschaften. Und ich habe dabei gelernt: Ja, es geht – ja, es ist möglich, aber nicht nach Schema F. Sondern nur mithilfe ganz individueller Stärken, eines ganz persönlichen inneren Antriebs und des unbedingten Willens zur Selbstbestimmung. Deswegen gibt es in diesem Buch (obwohl ich Apotheker bin) auch nicht *das* eine Rezept oder das *eine* Allheilmittel, mit dem Sie erfolgreich werden. Aber es gibt die „Wirkstoffe“, aus denen Sie Ihr ganz eigenes Erfolgsrezept herstellen können. Und es gibt viele wirksame einzelne „Medikamente“ für die zahlreichen kleinen und großen „unternehmerischen Leiden“, mit denen Sie und ich uns tagtäglich herumschlagen.

Zur Einstimmung gebe ich Ihnen nun einen kleinen Einblick darin, wie meine Situation als Apotheker zu Beginn war. Die meisten unbedarften Menschen, die meine Branche nicht kennen, glauben noch immer, dass es den Apotheke(r)n besonders gut gehe, dass sie auf Rosen gebettet seien. Das war einmal – vor langer Zeit, als ich noch nicht Apotheker war. Einen engeren und stärker reglementierten Markt als Apotheken gibt es heute kaum. Aber es ist auch dort möglich, selbstbestimmt erfolgreich zu sein. Heute habe ich mich so positioniert, dass ich mit einem sehr guten Gefühl rentabel, nah am Kunden und soweit wie möglich unabhängig von allen möglichen „Pharma-Kraken" arbeiten kann. Ich liebe meinen Beruf, und ich liebe es, morgens aufzustehen und zu denken, dass wieder ein Tag vor mir liegt, an dem ich Menschen helfen kann, gesünder zu werden. Das ist nämlich mein ganz persönliches Warum. Aber ich greife vor, dazu kommen wir ausführlich im nächsten Kapitel. Jetzt erst einmal eine kleine Reise in die unternehmerische Welt der Apotheken in Deutschland. Vielleicht erkennen Sie schon erste Parallelen zu Ihrer eigenen Branche, Ihrem eigenen Geschäft.

Apotheken gibt's wie Sand am Meer

Nicht einmal die Finanzbranche ist in Deutschland so stark reguliert wie das Apothekenwesen. Der Markt ist „abgegrast", der Kuchen aufgeteilt. Es gibt mittlerweile weniger als 20.000 Apotheken in Deutschland, und die Zahl derer, die profitabel arbeiten, sinkt von Jahr zu Jahr. Das liegt zum einen am starken Wettbewerb: In den großen Städten gibt es für fast alle Kunden mehrere Apotheken zur Auswahl, die auf Laufabstand liegen. Make your choice – welche ist bunter, hat die netteren Mitarbeiter oder die besseren Angebote? Demgegenüber ist auf dem Land das entgegengesetzte Extrem zu beobachten: Die Versorgung ist so dünn, dass sie kaum noch aufrechterhalten werden kann. Zudem scheint der Gesetzgeber vergessen zu haben, dass auch eine Apotheke ein Unternehmen ist, das Gewinne erwirtschaften muss, um am Markt bestehen zu können, denn es gibt extrem viele Auflagen und Vorschriften in unserer Branche zu beachten.

Da gibt es etwa den „Versorgungsauftrag": Wir Apotheker können grundsätzlich keinen Kunden ablehnen oder nach „A-, B-, C- oder D-Kunden" variieren. Wir müssen eine ganze Liste von Medikamenten *immer* vorrätig halten, damit wir dem Versorgungsauftrag stets nachkommen können. Im Extremfall kann das bedeuten: Ich muss ein Medikament vorhalten, das 50.000 Euro kostet. Wir sprechen hier nicht von Kommissionsware; ich bin verpflichtet, das Medikament regulär einzukaufen.

Auf meinen Einkaufspreis darf ich lediglich einen Zuschlag von 3 Prozent berechnen. Das wäre meine Gewinnmarge im Verkauf, wenn davon nicht der gesetzliche Apothekenabschlag wieder abgezogen würde – ein wahrhaft schlechter Deal, insbesondere, wenn die Rückerstattung durch Krankenkassen erst sechs bis acht Wochen später erfolgt. Wenn ich das Medikament aber nicht verkaufe und das Verfallsdatum zuschlägt, kann ich fast 50.000 Euro Verlust abschreiben. Geht's noch? Gigantische Umsätze bei sehr niedrigen Renditen sind in Apotheken die Regel, auch weil die Gewinnspannen von den Kassen so stark gedeckelt, andererseits aber von den Pharmariesen so hoch wie möglich getrieben werden.

Zusätzlich noch das Thema „Sicherheit": Auch da gibt es unzählige und gleichzeitig wichtige Vorschriften hinsichtlich Arzneimittel- und Patientensicherheit. Alle muss ich beachten, sonst riskiere ich meine Zulassung. Bestimmte Medikamente müssen in Schränken verschlossen, mit Aufklebern versehen und in Räumen bestimmter Größe mit Sicherheitstüren gelagert werden. Bei Missachtung können mir die Behörden den Laden sofort schließen. Und trotz all dieser Sicherheitsvorkehrungen ist auch bei mir, wie in so vielen anderen Apotheken, schon eingebrochen worden: Drogen, starke Schmerz- oder Rauschmittel sowie andere sehr teure Medikamente stehen auf dem Schwarzmarkt schließlich hoch im Kurs. Sie sehen: Als Apotheker bin ich in der „Zange" zwischen Pharmaherstellern, Krankenkassen und dem Gesetzgeber „eingeklemmt".

Aber das ist noch nicht alles: Die EU mischt sich ebenfalls ganz direkt in unser Business ein. Sie hat in einem Urteil ihres Obersten Gerichtshofes im November 2016 beschlossen, das ausländische Versandapotheken „zum Nutzen der Verbraucher" einen erheblichen Rabatt auf rezeptpflichtige Arzneien gewähren dürfen, während deutschen Apotheken das nicht erlaubt ist. Das ist wirtschaftlich gesehen eine Katastrophe und gefährdet langfristig die Existenz der ohnehin bedrohten deutschen Apotheken insgesamt.

Verstehen Sie mich richtig: Versandapotheken haben einen Sinn, wenn sie mithelfen, die Versorgung der Bevölkerung mit Medikamenten zu gewährleisten. Das ist etwa abseits der Ballungsräume und großen Städte in ländlichen Gebieten wichtig, wo die Apotheken nicht fußläufig erreichbar sind, und Menschen, die nicht mobil sind, Schwierigkeiten haben, an ihre Medizin zu kommen. Aber grundsätzlich: Warum die hohen Rabatte und der ungeheure Wettbewerbsvorteil für die Onliner? Versandapotheken stehen sowieso gut da und müssen weder ein Ladenlokal unterhalten, noch einen Notdienst anbieten.

Und zum guten Schluss gibt es noch ein weiteres Damoklesschwert, das über den deutschen Apotheken schwebt: Die Pharma-Konzerne könnten selbst auf die Idee kommen, Apotheken zu eröffnen, um die Wertschöpfungskette komplett in ihre Hand zu bekommen. Das ist im Ausland (z. B. bei Wallgreens Boots Alliance) bereits gang und gäbe. Noch geht das in Deutschland nicht, weil wir hier ein Gesetz haben, das vorschreibt, dass maximal vier Apotheken in der Hand *eines* Unternehmers sein dürfen. Das ist auch der Grund, warum Apotheken noch immer zu 99 Prozent Familienbetriebe sind. Würde die Pharmaindustrie ins Apothekengeschäft einsteigen – das wäre über eine Änderung der Gesetzgebung jederzeit möglich, wenn deutsches Recht mit EU-Recht „harmonisiert" würde –, dann könnte die Industrie die inhaber- und familiengeführten deutschen Apotheken komplett ausbremsen und uns alle langsam, aber sicher in den Ruin treiben.

Ich schätze, dass ein Drittel aller deutschen Apotheken heute im Grunde schon zahlungsunfähig ist. Praktisch jede Woche schließt eine mit Herzblut geführte Apotheke in Deutschland, und mir wird im Umkreis von 150 Kilometern alle 14 Tage eine Apotheke zum Kauf angeboten. Doch die Investitionskosten sind so hoch, dass ich trotz meiner gut gehenden Apotheke solche Angebote stets ablehne.

Nachwuchs gibt es im deutschen Apothekenwesen kaum: Wer sich heute als Apotheker selbstständig machen will, braucht zum Start allein schon ein Warenlager im Wert von ca. 150.000 EUR, ganz zu schweigen von den übrigen Investitionskosten – das ist ein extrem hohes Existenzgründer-Risiko, das kein junger Mensch heute nach dem Studium in Anbetracht der schwierigen und wackligen Markt- und Gesetzeslage eingehen möchte.

Sie sehen, unsere Branche kränkelt stark. Aber darauf zu viel Gewicht zu legen, ist einer der Fehler, den wir Unternehmer häufig machen. Wir sprechen viel zu viel von unseren Schwierigkeiten, von unseren „Krankheiten" (im unternehmerischen und im streng körperlichen Sinne) und fragen uns, wie wir sie wohl am besten „behandeln" können. So kennen wir es, so machen wir es generell in unserer westlichen Welt: Wir gehen von unseren Schmerzen, dem „kranken" Unternehmen, aus und begeben uns auf die Suche nach den passenden Heilmitteln. Nach diesem Prinzip funktioniert auch unsere Medizin: Der Fachausdruck dafür lautet „Pathogenese": Wir fragen uns, wie Krankheiten entstehen und wie wir sie kurieren können. Es gibt aber auch das entgegengesetzte Konzept, und das funktioniert viel besser – abgesehen davon, dass es einen auch gleich viel positiver stimmt: die Salutogenese. Das ist die Frage danach, wie Gesundheit eigentlich entsteht und wie sie sich erhalten lässt. Und mit Salutogenese für Ihr Unternehmen befassen wir uns in diesem Buch.

Wussten Sie, dass die Ärzte in China früher nur Geld bekamen, solange ihre „Patienten" gesund waren? An Kranken konnten sie nichts verdienen. Wenn ein „Patient" erkrankte, hatte der Arzt keinen guten Job gemacht und bekam kein Geld mehr. Was für eine gute Idee: Der Auftrag lautet, die Patienten gesund zu erhalten, statt Krankheiten zu behandeln. Das bringt nämlich auch automatisch mit sich, mit wachen Augen darauf zu blicken, was den Patienten denn gesund hält, welche Umstände dem förderlich sind und was sich alles präventiv und systemisch tun lässt, um den Idealzustand zu erreichen oder zu erhalten. Übertragen auf Ihr Unternehmen bedeutet das, Sie müssen die Analogie nur zu Ende denken: Statt „Heilmittel" aller Art zu konsumieren, stellen Sie sich lieber gleich gesund auf und holen Sie sich alles an Bord, was Sie gesund erhält.

Marktführer werden

Also nicht vergessen: Yes, you can! Mit meiner Central-Apotheke bin ich in meinem Heimatort Walldürn und im weiteren lokalen Umfeld Marktführer, obwohl wir nicht die einzige Apotheke am Ort sind. Die Apotheke habe ich zwar von meinen Eltern übernommen, aber ich habe erkannt, dass ich sie nicht mehr so führen kann, wie das etwa vor 50 Jahren noch möglich gewesen wäre: einfach morgens aufschließen und auf Kunden warten. Mit dem, was ich anders mache, habe ich unsere Apotheke innerhalb von ein paar Jahren über die Stadt hinaus bekannt gemacht sowie den Umsatz und die Anzahl der Mitarbeiter verdoppelt. Unser Einzugsgebiet liegt bei ungefähr 150 km, während „normale" Apotheken ein Einzugsgebiet von wenigen Kilometern haben. Gefühlt sehe ich uns unter den „Top 10 Prozent" der Apotheken in Deutschland.

Da ich stolz darauf bin, dass mir das alles so (mehr oder weniger gut, aber in jedem Fall gut genug) gelingt, werde ich in jedem der fünf Kapitel an passender Stelle erzählen, was ich dafür tue, dass es funktioniert mit unserer Apotheke. Das wird jeweils mein „Alter Ego", der Bär „Bruno" aus meinen Videos auf Youtube, für mich tun und in seiner kleinen Kolumne „Bruno berichtet" erzählen, „wie Jan Reuter das für sich geregelt hat". Bruno wird Ihnen darüber hinaus zu Beginn eines jeden Kapitels in einem „Beipackzettel" eine kleine Einführung zum Inhalt geben, um Sie einzustimmen.

Haben Sie das Gefühl, dass die folgende Beschreibung auf Sie zutrifft?

■ Sie sind Freiberufler oder Inhaber eines kleinen oder mittleren Unternehmens mit maximal 50 Mitarbeitern.
■ Mit Ihrem Geschäft kommen Sie nicht so recht voran. Es läuft zwar, aber Sie fürchten mehr und mehr, im Haifischbecken unterzugehen, und sitzen vielleicht sogar in der Austauschbarkeitsfalle.
■ Sie haben das Gefühl, von den Kunden nicht so wahrgenommen zu werden, wie Sie möchten, weil Sie nicht an die Wunschkunden herankommen.
■ Der Ertrag pro Kunde ist nicht optimal, Sie sind zeitlich und arbeitstechnisch (vielleicht auch gesundheitlich) am Limit.
■ Sie müssen sich gegen große Unternehmen am Markt „zur Wehr" setzen und kämpfen gegen eine übermächtige Konkurrenz.
■ Um Ihr Unternehmen besser aufzustellen, wollen Sie keine rechtlichen Grauzonen betreten und auch kein „saublödes Aufdringlichkeitsmarketing" machen.
■ Sie fragen sich, wie Sie den Nutzen Ihres Geschäfts besser herüberbringen können. Sie haben zwar Ihrer Ansicht nach einen Porsche, aber fahren damit meist nur im ersten, höchstens im zweiten Gang.
■ Sie haben es schon mit IHK-Konzepten der Geschäftsoptimierung probiert, aber die halten nicht, was sie versprechen. Sie sind auf der Suche danach, wie Sie sich besser positionieren, dabei zugleich zeitlich entlasten und mehr Rendite erwirtschaften können.

Genau für diese Problemfelder finden Sie in meinem Buch die richtige „Medizin". Wenn Sie weiterlesen, erfahren Sie,

- wie Sie auch als kleines Unternehmen in einem Haifischbecken nicht nur überleben, sondern dabei sogar noch Sinn stiften und Spaß haben können (Kapitel 1),
- wie Sie für Kunden und Mitarbeiter zum Magneten werden und dadurch an Anziehungskraft gewinnen (Kapitel 2),
- warum Sie als Unternehmer, als Person, für Ihr Unternehmen eine zentrale Bedeutung haben und welche Rolle Ihre innere Einstellung dabei spielt (Kapitel 3),
- wie Sie sich „spitz" am Markt positionieren und ein Alleinstellungsmerkmal aufbauen, das Sie zum Marktführer werden lässt (Kapitel 4) und
- wie Sie den Kampf „David gegen Goliath" für sich entscheiden (Kapitel 5).

Keinesfalls will ich mich hier als Guru aufspielen. Da ich selbst auch schon die eine oder andere grandios inszenierte Bauchlandung hinbekommen habe und weiß, was Lektionen in Demut und Bescheidenheit sind, ist es mir ein großes Anliegen, Ihnen nicht nur meine Erfolgsrezepte zu vermitteln, sondern vor allem Ihre Sinne zu schärfen. Damit Ihnen nicht die gleichen Fehler unterlaufen wie mir. Muss doch nicht sein.

1

Warum – die wichtigste Frage in einem gesunden und selbstbestimmten Unternehmen

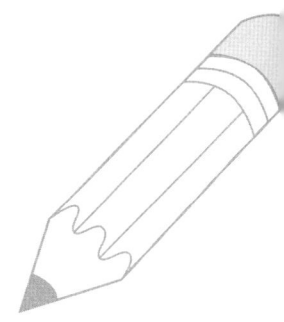

Brunos Beipackzettel:
Das Kapitel auf einen Blick

Warum das Leben als Unternehmer im Mittelstand ein echter Kampf sein kann und wie Sie als
„erste Hilfe" dagegen ein paar kleine Dosen eines oder
mehrerer probater Gegenmittel einnehmen können.
Und dann mit einem Paukenschlag direkt das erste ganz
große Gegengift bei Mittelmäßigkeit, tobendem Preiskampf und Austauschbarkeitsfalle: Ihr ganz persönliches
Warum und wie Sie ihm auf die Spur kommen.

Gefährliche Diagnosen:
Austauschbarkeit und Preiskampf

Schön, dass Sie jetzt am Ball bleiben – das zeigt mir, dass ich wahrscheinlich Ihren Nerv getroffen habe und dass Sie mit mir „fühlen", der ich als Apotheker quasi den Prototyp eines austauschbaren Unternehmens mit austauschbaren Produkten und austauschbaren Dienstleistungen führe, die Sie in der nächsten und übernächsten Apotheke genau so angeboten bekommen. Es zeigt mir auch, dass Ihnen Ihr geschäftliches Problem bekannt ist und dass Sie etwas unternehmen wollen.

Schnäppchen-kunden Wenn Sie das machen, was alle in Ihrer Branche tun, finden Sie sich schnell auf dem Schlachtfeld des Preiskampfes wieder. Dann sind Sie austauschbar und sprechen die Kunden an, die vor allem eines wollen: billig einkaufen. Wollen Sie diese Kunden? Das sollten Sie sich während der Lektüre immer wieder fragen. Sie sind nicht treu, nicht loyal und das einzige, was sie interessiert, ist ihr Preis-Leistungs-Verhältnis und wie bzw. wo sie das eine oder andere Produkt bzw. die eine oder andere Dienstleistung noch günstiger bekommen – Schnäppchen-jäger eben. Fremdbestimmter kann ein Unternehmen kaum sein, als wenn es auf solche Kunden setzt. Unternehmerisch sind Sie dann quasi wie in Narkose. Dazu kommt: Wenn sie diese Schnäppchen-Mentalität bedienen, bleibt der Wettbewerb Ihnen auf den Fersen, und Sie werden Ihren eigentlich schon längst gesättigten Markt niemals verlassen können. Fühlt sich Ihr Geschäft so an? Dann lesen Sie weiter – es kann gut sein, dass Sie hier genau die passende „Medizin" finden.

Zu Beginn ein kurzer, aber intensiver Blick darauf, was passiert, wenn Sie weiter konventionell agieren, mit Preiskampf-Methoden, die es „immer schon" gab und die „immer schon" geholfen haben. Zwei Lösungen bekommen Sie als Unternehmer nämlich immer wieder serviert, wenn es eng wird, wenn Sie Kunden gewinnen müssen, um weiterhin am Markt bestehen zu können.

Lösung 1: Kosten herunter

Die Kosten zu senken, klingt erst einmal logisch, ist aber extrem unsexy. Kein Kunde findet es prickelnd, wenn er merkt, dass an ihm und seinem Einkaufserlebnis gespart wird. Generell gibt es drei Dinge, zu denen Ihnen beim Thema „Kostenpolitik" immer wieder geraten wird (die Sie aber nicht tun sollten):

1. Stellen sie sich vor, Sie hätten eine Bäckerei. Der Laden läuft leider nur mäßig. Was Ihnen auffällt: Am Ende des Tages haben Sie immer relativ viel Ware übrig. „Das ist ja Verschwendung", denken Sie. Also verkleinern Sie das Sortiment. Aber nach einer gewissen Zeit merken Sie, dass sich das Problem nur verlagert hat: Das Einkaufserlebnis für Ihre Kunden hat massiv gelitten. Vormittags gibt es nun schon wenig zu kaufen, aber nachmittags gibt es nur noch den „Reste-Trester". Wie langweilig! Die Kunden schlagen erwartungsgemäß zurück, bleiben mehr und mehr weg, und der Umsatz schwenkt in eine noch steilere Abwärtskurve ein.

Straffen: das Sortiment reduzieren

2. Telekom-Anbieter agieren traditionell in einem sehr engen Segment mit einem enormen Kosten- und Verdrängungsdruck. Viele sind ständig dabei zu scannen, wo man wieder und weiter Kosten sparen könnte. Meist fällt der Blick dann auf den immer noch zu kostenintensiven Service. Was zur Folge hat, dass Kunden heute grundsätzlich in langen Warteschleifen bei Call-Centern hängen. Wenn die Beschwerde aufgenommen wird, passiert meist tagelang nichts. Entsprechend wechselwillig reagieren die Kunden beim nächsten Anruf des nächsten Telekom-Anbieters.

Kürzen: Service braucht sowieso niemand

3. Wer vor 25 Jahren eine Segelyacht beim damaligen Premium-Hersteller der Branche kaufte, hatte ein Werk aus edelsten Materialien erworben. Ein Ruf eilte diesen Booten voraus, und viele der damals gebauten Yachten werden heute noch zum ursprünglichen Preis gehandelt. Doch

Sparen: billig statt Premium

der Bootsbauer hat Probleme mit den neuen Wettbewerbern aus Osteuropa, die einfach billiger produzieren. Seine Lösung: sparen! Hier ein etwas billigeres Teil einbauen, dort etwas weglassen. Die einst so hohe Qualität der Boote ist beim Teufel – und der gute Ruf des Bootsbauers dito. Der früher so komfortable Qualitätsabstand zur Konkurrenz schrumpft und Teufelkreis sowie Austauschbarkeitsfalle setzen ein: Immer weniger Kunden kaufen, also wird noch billiger hergestellt, um noch mehr zu sparen (Kreuz, 2016).

Tun Sie nichts von diesen drei Dingen – Sie können sich nicht zum Erfolg schrumpfen!

Lösung 2: Preise herunter!

Die Preise zu senken, ist die zweite „Lösung" und hat ähnlich fatale Folgen wie die erste. Preisdumping ist ein Ausdruck von Ideenlosigkeit und mangelhafter Beschäftigung mit dem, was Kunden sich wirklich wünschen. Wer Tiefstpreise, Sonderposten und Rabatte sät, erntet Rosinenpicker und Schnäppchenjäger, aber keine treuen und loyalen Stammkunden, die für eine gesicherte Umsatzbasis sorgen. Rabatte sind zudem trügerisch: Wenn man auf 10 Prozent des Umsatzes verzichtet, muss man dafür unter Umständen 40 bis 50 Prozent mehr verkaufen, um auf eine schwarze Null zu kommen. Denn man verkauft nicht doppelt so viel, nur weil man die Preise senkt, das ist eine trügerische Illusion. Rabatte sind Placebos.

Als Apotheker vergleiche ich die allgegenwärtige und so moderne Schnäppchenjagd der Kunden und das Preisdumping der Unternehmen gerne mit Drogensucht. Diese Entwicklung hört nie auf, und wenn doch, nimmt sie kein gutes Ende. Es ist wie eine Abwärtsspirale, in der sich die Preise immer weiter nach unten drehen. Es geht nur billiger, billiger und noch billiger. Die „Schnäppchen-Kunden" wollen nicht aus dieser Abwärtsspirale aussteigen, und die Unternehmen können es irgendwann nicht mehr – ein „kalter Entzug" würde ihre Pleite bedeuten.

Unternehmen, die permanent die Kosten oder die Preise senken, sind für mich botox-vergiftet. Botox ist ein Nervengift, das gespritzt wird, um Falten zu beseitigen. Doch nach vier bis sechs Monaten baut es sich ab, so dass wieder neu gespritzt werden muss. Menschen, die jahrelang mit Botox behandelt wurden, haben ein eingefrorenes, unlebendiges, starres Gesicht – fast möchte ich sagen: eine Fratze. Und botox-vergiftete Unternehmen, die sich ständig die Preisspritze setzen, sind genauso starr und unlebendig; sie haben für den Kunden kein erkennbares Gesicht, sind nicht authentisch, zeigen keine Gefühle.

Das *Schnäppchen-Zentrum* ist nicht der Discounter nebenan, sondern es sitzt im Gehirn (Schüller 2017 (2)). Und eben darum funktioniert Preisdumping wie Drogensucht: Erfolgreiche Schnäppchenjäger sind kurzzeitig high auf Glückshormonen, wenn sie wieder „zuschlagen" konnten. Umgekehrt gilt: Wenn Kunden sich von Geld trennen müssen, wird im Gehirn das Schmerzzentrum aktiviert. Schnäppchen hingegen sind wie „Beute", und wenn der Jagdtrieb der Kunden befriedigt worden ist, singen alle Synapsen vor Freude. Deswegen versagt die Vernunft bei Schnäppchen oft komplett, und der Suchtfaktor für Kunden ist hoch. Doch für Unternehmen ist er genauso hoch.

Das Schnäppchen-Zentrum sitzt im Gehirn

Das erlebe ich in meiner Apotheke: Es gibt Firmen, die mir mit fast erpresserischen Methoden als Lieferanten Produkte aufzwingen wollen. Da heißt es: „Produkt A bekommen Sie nur, wenn Sie auch die Produkte B, C, D, E, F usw. abnehmen." Auch Sätze wie den folgenden musste ich mir schon von einem Außendienstler beim Besuch in meiner Apotheke anhören: „Ach, ich sehe gerade, dass Sie unser Produkt XY nicht mehr sichtbar im Kundenbereich stehen haben. Daher muss ich Ihnen jetzt nachträglich 3 Prozent vom Rabatt abziehen." Botox hat gewirkt. In den letzten Jahren ist es immer schlimmer geworden, es wird mehr Gift verspritzt – die Methoden, mit denen die Firmen ihre Produkte in den Handel zu drücken versuchen, werden immer rabiater. Der Gipfel war erreicht, als der Vertriebsleiter eines Pharma-Konzerns mir den Vorschlag machte, sich seinen rassistischen Äußerungen bei Facebook anzuschließen, da wir ja „Freunde" seien und ich seine Produkte vertreiben „darf".

Mein Prinzip: Ich lasse mir nichts aufschwatzen, weil ich meine Kunden kenne, weiß, was bei mir nachgefragt wird, und weil ich prinzipiell nur solche Produkte verkaufe, hinter denen ich als Unternehmer stehe. Dazu gehört auch, dass die Qualität der Produkte einwandfrei sein muss. Doch sogar hier hat sich Botox schon ausgebreitet. Mir ist bekannt, dass einige Hersteller „Heil-Produkte" in die Apotheken drücken, die im Prinzip null Wirkung haben und nur aus „Abfällen" der Produktion von Medikamenten bestehen. Mit einer hübschen Verpackung versehen und dazu noch in „Apotheken" präsentiert, lassen sich viele Kunden täuschen. Ich bin es meinen Kunden schuldig, ihnen solche „Schrott-Produkte" gar nicht erst anzubieten. Ins Sortiment nehme ich nichts auf, nur weil es mir als Apotheker angeblich hohe Gewinnmargen verspricht. Denn Geld ist das dümmste Warum, das man haben kann. Geld ist zwar wichtig, aber nur als Nebenprodukt einer guten Dienstleistung.

Preisfalle, nein danke! Umparken im Kopf

- Machen Sie sich klar: Wenn Sie sich nur über den Preis vom Wettbewerb abgrenzen können, sind Sie in der Austauschbarkeitsfalle. Machen Sie sich die Mühe herauszufinden, was Ihre Kunden wirklich wollen, dann entkommen Sie dem Rabatt- und Preiskrieg.

■ Überprüfen Sie Ihre Glaubenssätze. Halten Sie Ihre Kunden für Rosinenpicker, dann bekommen Sie am Ende genau solche Kunden.

■ Rosinenpicker sind Kaufnomaden und notorisch untreu. Sie kennen nur eine Loyalität: die zum Schnäppchen. Die Kundenbindung an Ihr Unternehmen bleibt deshalb komplett aus.

■ Mit Preisdumping und Rabatten lügen Sie sich selbst in die Tasche. Selbst, wenn Sie den Umsatz immer wieder wie ein Strohfeuer anheizen, fehlt jede Nachhaltigkeit. Und am Ende sprechen die Zahlen doch wieder eine klare Sprache: Absolut gesehen sinken nämlich auch die Umsätze (Schüller, 2017 (2)).

Wohin es führt, wenn man einerseits versucht, an den Kosten herumzuschrauben, und andererseits Preisdumping betreibt, lässt sich gerade in aller Deutlichkeit (aber alles andere als „schön") an der aktuellen Situation der deutschen Luftfahrt beobachten.

Die Luft ist raus: Deutsche Airlines in der Krise   BEISPIEL

Die deutsche Luftfahrt hat sich in genau die beschriebene Art von Preiskampf begeben: Kosten und Preise senken — und manch eine Airline droht nun darin umzukommen, weil sie diesen Kampf nicht gewinnen kann. Air Berlin ist eine davon. Die Fluggesellschaft arbeitete nicht mehr rentabel und war gezwungen, teilweise mit der TUIfly zu fusionieren. Ein anderer Teil der „Hauptstadt-Airline" wird darüber hinaus zukünftig für die Lufthansa-Billigtochter Eurowings fliegen. In der Summe gesehen der bisherigen Nummer zwei im deutschen Markt — das macht sie zum Spielball der Konkurrenz. TUIfly seinerseits reagiert mit Turbulenzen anderer Art auf die Teilfusion: Mitarbeiter melden sich massenhaft krank, weil sie Lohndumping und schlechtere Arbeitsbedingungen fürchten. Denn mittelfristig, so die Ängste, könnten alle Ferienflieger bei der österreichischen Air-Berlin-Tochter FlyNiki zusammengefasst werden – wo deutlich schlechtere Löhne gezahlt werden. Dies wäre eine ähnliche Entwicklung wie bei der Lufthansa, deren Piloten die Verlagerung von Jobs zur deutlich schlechter zahlenden Eurowings droht.

Was ist eigentlich geblieben vom einstigen Glanz der Branche? Die Frage ist berechtigt, denn die deutsche Luftfahrt macht insgesamt einen angeschlagenen Eindruck. Brancheninsider verweisen bei dieser Frage gern auf aktuelle Probleme – etwa auf Terroranschläge in Nordafrika oder die angespannte politische Situation in der Türkei. Doch die Wurzel der Probleme liegt ganz woanders: Deutsche Airlines sitzen zwischen allen Stühlen und sind alles andere als eindeutig positioniert. Im Kontinuum zwischen Billig-Airlines und Luxusanbietern schwanken sie wie das sprichwörtliche Rohr im Wind: Für „echte" Billiganbieter wie Ryan Air oder Easy Jet agieren sie nicht konsequent genug. Nicht alle Extras kosten auch extra, und strukturell gibt es enorm viel Luft nach oben.

Zwischen allen Stühlen Denn die Startvorteile klassischer Billigflieger haben sie nie eingeholt bzw. sich nicht konsequent darum bemüht. Die nämlich kamen mit sehr schlanken Strukturen damals nach US-Vorbildern neu in den Markt und haben verschiedene Probleme von Anfang an vermieden. Mit modernen und einheitlichen Flotten und Personal, das innerhalb einer so glatt aufgesetzten Struktur total flexibel einsetzbar ist, lassen sich Ausbildungs- und Wartungskosten auf ein minimales Niveau reduzieren. Auch als damals Lufthansas Billigableger Eurowings (seinerzeit noch unter dem Namen „Germanwings") das Geschäft mit dezentralen Verbindungen übernahm, wollte niemand das Kind beim Namen nennen und von einem „Billigflieger" sprechen. Und so richtig „billig" sind all diese deutschen „Zwischen-Airlines" ja auch nicht. Aber gleichzeitig eben auch nicht so luxuriös aufgestellt, dass sie etwa im „Etihad-Segment" mitspielen könnten. Schnapp, die Austauschbarkeitsfalle hat zugeschlagen – das inkonsequente Hantieren weder mit Fisch noch mit Fleisch rächt sich.

Krank melden könnte sich übrigens aktuell die gesamte Flugbranche in Deutschland: Das Geschäft von Lufthansa, Air Berlin, Condor und TUIfly schrumpft nach Angaben des Bundesverbands der Deutschen Luftverkehrswirtschaft unverhältnismäßig, obwohl der Luftverkehr weltweit um sechs Prozent, im Nahen Osten sogar um fast elf Prozent wächst. Es ist schon peinlich, in einem Wachstumsmarkt immer mehr an Boden zu verlieren (Böcking | Müller, 2017).

Wege aus der Dumping-Falle

An dieser Stelle als Erste Hilfe für Sie eine kleine „Nutzwert-Infusion" mit ein paar Ideen (mit einer kleinen Verbeugung in Richtung meiner Kollegin Anne Schüller), wie Sie sich zügig vom Schlachtfeld des Preiskampfes zurückziehen können. Einige dieser Ideen werden wir später im Buch weiter vertiefen.

▶ 1. Zugaben
„Goodies", die als Gratisleistungen, Gutscheine, Prämien oder Sammelpunkte in Richtung Kunde fließen, lassen Kundenhirne empfänglicher für Angebote werden. Kunden neigen dazu, Geschenke mit Geschenken zu belohnen, denn bei ihnen entsteht dann das Gefühl, dass Geben und Nehmen im Gleichgewicht sind. Der Verkäufer verwandelt sich gefühlt vom potenziellen Gegner in einen Freund. Und mit solchen Zugaben haben Sie mehr kreativen Spielraum bei der Gestaltung der Kundenerfahrung als bei pur aggressivem Rabattgezerre.

▶ 2. Pakete schnüren
Bündeln Sie mehrere Einzelleistungen zu einem sinnvollen Gesamtpaket. Paketangebote docken gleich zweifach gut bei Ihren Kunden an: Der jeweilige Einzelpreis der Produkte ist für den Kunden nicht mehr erkennbar, so dass er keine „Preisschmerzen im Gehirn" spürt. Und dazu kommt noch der wichtige Faktor, dass Kunden bei den „Paketen" nicht dem Auswahl- und

Entscheidungsstress für viele Einzelleistungen ausgesetzt sind, weil sie alles aus einer Hand bekommen.

▶ 3. Anker setzen

Denken Sie an die Speisekarte in Ihrem Lieblingsrestaurant: Alle Gerichte zusammen ziehen mit ihren Preisen eine Art „Vergleichsrahmen" auf, innerhalb dessen sich die einzelnen Speisen positionieren. So entstehen Bezugspunkte („Anker"), und unser Hirn kann Urteile fällen, z. B. „Dieses Hauptgericht scheint mir teuer, jenes preiswert." Der Kunde entscheidet innerhalb des Rahmens, den Sie ihm setzen, anstatt in einem Rahmen, den er sich selbst sucht und setzt. Damit kommen Sie ein Stück weit in die Selbstbestimmung.

Gute Kaufleute gestalten den Vergleichsrahmen so, dass der Kunde drei Angebote zum Vergleich hat. Bei zwei Angeboten wählt er fast immer das billigere, bei dreien entscheidet er sich überdurchschnittlich oft für das mittlere. Also beim Edelitaliener wählt er nicht das Rinderfilet für 32,50 Euro und auch nicht das Maishühnchen für 18,50 Euro, sondern das Iberico-Schwein für 24,50 Euro.

▶ 4. Schockieren

Und dann gibt es noch das so genannte „Priming". Hierbei dreht sich alles um einen geschickt gewählten ersten Preis. Das funktioniert so: Der Verkäufer nennt, als „Schocker", zunächst einen wirklich hohen Preis („Unsere Premium-Variante ..."), und dann ein zweites, deutlich günstigeres Angebot, das für den Kunden dann plötzlich enorm attraktiv und preiswert klingt, obwohl es vielleicht über dem liegt, was er ursprünglich ausgeben wollte.

Wunderschön ist die Geschichte des kleinen Pfadfindermädchens Markita Andrews aus den USA. Sie sollte Kekse für die Spendenkasse verkaufen und stellte dabei einen Rekord auf, der bis heute steht. Und zwar mit Priming pur: Wenn sie an einer Tür klingelte, bat sie den Hausherrn oder die Hausfrau zunächst um eine Spende in Höhe von 30.000 US-Dollar. Schock! Es spendete natürlich niemand. Aber wenn die Kleine dann fragte, ob man ihr nicht wenigstens eine Dose Kekse abkaufen wolle, sagten fast alle Ja. Kinder haben eben den Bogen raus – natürlich, unverblendet und völlig selbstbestimmt, wie sie sind, finden sie elegante Problemlösungen, auf die wir Erwachsene erst nach einer Marketingschulung kommen.

▶ 5. Der Königsweg: über Emotionen verkaufen
Die Neurowissenschaft weiß, dass angenehme Gefühle das Verlangen nach einem Produkt verstärken und den Verlustschmerz des Geldes minimieren. Das warme Licht der Begeisterung, die Sehnsucht nach einem neuen Lebensgefühl mit dem neuen Produkt, lässt den Preis verblassen. Für gute Gefühle greifen Kunden gerne tief in die Tasche. Wer hat im sonnigen Urlaub etwa nicht den Geldbeutel lockerer sitzen oder welche Frau zahlt nicht gerne für das flüchtige Gefühl, sich mit den neuen Schuhen wie „Germany's next Topmodel" zu fühlen? (Schüller, 2017 (2))

Ihre unternehmerische Hausapotheke

Ich weiß es, und Sie wissen es – Sie sind als Unternehmer im Mittelstand extrem gefordert, wenn Sie selbstbestimmt agieren wollen. Ich nehme an, dass Sie sich in den Fallstricken zu Beginn dieses Kapitels gut wiedergefunden haben? Natürlich habe ich Ihnen absichtlich die Herausforderungen Ihres Unternehmertums so richtig scharf und bleistiftspitz aufgezeigt, um Ihre Motivation, dieses Buch zu lesen und mit den Inhalten zu arbeiten, enorm anzuheizen.

Nun ein weiterer „Motivationsbooster" für Sie, nämlich eine kleine „Hausapotheke", die als Erste Hilfe gegen Ihren ganz persönlichen Stress als Mensch und Unternehmer dient. Die homöopathischen Heilmittel dieser „Hausapotheke" werden Ihnen (ganz ohne Chemie) bei vielen gängigen Beschwerden helfen und Ihnen gleichzeitig eine Chance zu einer (vielleicht selbstironisch gefärbten) Selbstreflexion geben. So wird der Einstieg in Ihr Dasein als selbstbestimmter Unternehmer schon einmal eine Ecke leichter, denn die mehr oder weniger lästigen und belastenden „Wehwehchen", mit denen wir uns täglich plagen, werden auf diese Weise einfach verschwinden.

Homöopathie ist nicht nur eines meiner Steckenpferde, sondern auch mein Beruf. Gegen fast jedes unserer zahlreichen Symptome ist dort ein Kraut, ein Mineral oder ein anderer Wirkstoff „gewachsen". In unserem Unternehmerleben sind viele unserer Beschwerden auf unsere Lebensweise (und die häufig damit verbundene mangelnde Achtsamkeit unserem Körper und unserer Seele gegenüber) verbunden. Das Großartige an der Homöopathie ist es, dass die Mittel Sie nicht nur auf körperlicher, sondern auch auf emotionaler und geistiger Ebene positiv beeinflussen, so dass Sie nicht nur an Symptomen herumdoktern. Aber gut, ich schweife ab. Falls Sie mehr wissen möchten, als Sie in der nun folgenden „Hausapotheke" erfahren, lege ich Ihnen zusätzlich meine Videos zu diesem Thema unter www.centralapo.de und bei Youtube ans Herz.

Was plagt Sie in Ihrem unternehmerischen Alltag? Sie haben zu viel am Kopf – und der revanchiert sich bei Ihnen fast täglich mit dumpfen Schmerzen? Glaube ich sofort! Ihre Lendenwirbelsäule zickt, weil Sie sich täglich mit Ihrem zu großen Pensum „verheben"? Sie liegen nachts wach, weil Ihnen der Wettbewerb schlaflose Nächte bereitet? Sie haben ein Schulter-Arm-Syndrom, weil Sie eine zu große Last auf Ihren Unternehmer-Schultern tragen? Ihnen ist alles zu viel, und Zeit zum Essen nehmen Sie sich sowieso nicht – deswegen zahlt Ihr Magen-Darm-Trakt es Ihnen für Ihr unachtsames Verhalten mit diversen Verdauungsproblemen heim? Diese Liste könnten wir sicher noch ein ganzes Stück weit fortsetzen ...

Erste Hilfe gegen Stress

Arnica

Arnica ist *das* Akutnotfallmittel schlechthin. Sie hatten Ihren Kopf
wieder in den Wolken (weil Ihnen dort viel zu viel herumgeht)
und haben dabei diese verflixte Treppenstufe übersehen? Arnica fängt die Folgen Ihres Sturzes ab: Blutergüsse verschwinden
schnell bzw. entstehen gar nicht erst in so schlimmer Form,
und auch Schreck- oder Schocksymptome lassen sich damit gut
behandeln.

Belladonna

Stress! Der Kopf platzt Ihnen, der Schmerz kommt plötzlich, als
Sie merken, dass eigentlich wieder alles zu viel ist. Hektik hier,
Entscheidungen da, mit einem Mal setzt der Alltagswahnsinn ein,
und die gefürchtete Migräne macht sich breit. „Lasst mich doch
alle in Ruhe", denken Sie. Mit Belladonna kehrt die ersehnte
Ruhe wieder in Ihren Kopf ein.

Calcium carbonicum

Reizüberflutung ist (mal wieder) angesagt. Am liebsten wollen
Sie für eine gewisse Zeit niemanden mehr sehen oder hören.
Gerne würden Sie sich hinter Ihrem Schreibtisch einmauern. Ganz
„untypisch" macht sich ein gewisses Schutzbedürfnis in Ihnen
breit – dabei sind Sie doch sonst so ein „Macher". Calcium car-
bonicum wird aus der mürben Substanz zwischen der Schale und
dem Inneren einer Auster gewonnen, die die Verbindung zwischen der harten „Schutzhülle" und dem weichen Inneren der
Muschel formt. Das Mittel wird auch Ihre „Schutzhülle" wieder zu
einem wirksamen „Puffer" in Richtung Außenwelt aufbauen.

Cantharis

Hilfe, es brennt im Unternehmen – es gibt Streit oder Ihr Kredit-
limit ist ausgereizt: In jedem Fall müssen Sie löschen! Der Stress
beschert Ihnen einen blasigen Hautausschlag, eine dicke Son-

nenallergie oder gar eine fiese Blasenentzündung mit brennenden Schmerzen. Oder Sie haben nicht aufgepasst und auf Ihren eingeschalteten, schicken neuen Induktionsherd gefasst – Brandblasenalarm! Cantharis lindert und „löscht den Brand".

Causticum

Ihr Perfektionismus bremst Sie aus, und weil Sie immer alles richtig machen wollen, verharren Sie ewig im Stadium der Planung und kommen nie richtig ins Tun – Sie fühlen sich wie gelähmt. Diese Blockaden verstärken Ihren Stress und schlagen sich schließlich körperlich nieder: Gelenkschmerzen, Arthrose oder Gicht bis hin zu Rheuma. Causticum wirkt lösend und entspannend auf Ihren Bewegungsapparat und sorgt dafür, dass Sie schonend wieder an geistiger und körperlicher Beweglichkeit gewinnen.

Chamomilla

Verflixt und zugenäht! Heißer Zorn lässt Sie „rot sehen" und Ihre Reizbarkeit treibt Ihre persönliche Tachonadel auf 180 Sachen hoch. Chamomilla beruhigt Ihre Nerven, der „rote Nebel" lichtet sich und Nervosität und Zorn verschwinden.

Coffea

Schlaflos wälzen Sie sich von einer Seite auf die andere: Wird der Deal mit dem neuen Zulieferer klappen? Oder Sie wachen mitten in der Nacht auf und können nicht wieder einschlafen: Unruhe macht sich in Ihnen breit, Sie sind nervös und die Unsicherheit bereitet Ihnen Herzklopfen. Coffea beruhigt Ihr Nervensystem und lässt Sie wieder durchschlafen.

Colocynthis

Ihre Strategie bereitet Ihnen schon seit Längerem Bauchschmerzen, doch leider sind Sie nicht in der Lage, sie loszulassen, um Platz für etwas Neues zu schaffen. Krampfhaft halten Sie am Alten fest – hat doch immer alles so gut funktioniert. Colocynthis löst den Krampf und bringt die Dinge wieder in Fluss.

Eupatorium perfolliatum

Jetzt hat es Sie erwischt; Ihr Körper hat die Notbremse gezogen, und Sie liegen mit einer Grippe flach. Schüttelfrost und Fieber setzen Sie ein Zeitlang außer Gefecht. Die erzwungene Ruhe und Eupatorium perfolliatum bringen die Heilung in Gang und lindern die Symptome.

Ferrum phosphoricum

Schulterschmerzen und Schulter-Arm-Syndrom – oder ein starkes Zerschlagenheitsgefühl, dabei vielleicht auch wieder Fieber: Die Last, die Sie momentan tragen, ist einfach zu schwer, und die Arbeit am Computer forciert den Schmerz zusätzlich. Sie müssen alles zugleich handhaben und haben sich dabei übernommen. Ferrum phosphoricum lockert und stärkt Sie wieder.

Gelsemium

Noch einmal zum Thema „Kopfschmerzen": Hier kommt der Schmerz in Wellen und zieht vom Nacken über die Stirn zu den Augen. Manchmal führt er sogar zum vorübergehenden Ausfall der Sehkraft. Gelsemium beruhigt den Schmerz und entspannt zusätzlich die Atemwege.

Hyoscyamus

Sie sind übernervös, zappelig, ruhelos, Ihre Beine zittern. Besessen von Ihrer Arbeit sind Sie in Übererregbarkeit geraten und haben die Bodenhaftung verloren. Mit Hyoscyamus landen Sie weich, und Ihre Nerven beruhigen sich wieder.

Ignatia

Jetzt haben Sie Ihre Wut und Ihren Kummer lange genug unterdrückt: Das Geschäft mit dem neuen Kunden ist geplatzt, weil Ihr Vertriebler es versemmelt hat, und Sie haben nun „einen Kloß im Hals", weil es schon wieder eng wird mit der Bank. Ignatia löst den Kloß auf und wirkt sich positiv auf Ihr Gemüt aus. Sie gewinnen die Ruhe, um wieder „Land zu sehen" und Ihr Unternehmens-Schiff in ruhigere Gewässer zu steuern.

Nux Vomica

Leiden Sie grundsätzlich am „Manager-Syndrom"? Sie sind über-
arbeitet, angespannt und gehetzt? Sind zu viel am Schreibtisch,
trinken zu viel Kaffee, sind leicht reizbar und sehr ungeduldig,
wollen aber nichts abgeben oder loslassen? Ihr Magen-Darm-
System ist im Zustand der Revolte? Nux vomica wirkt stark entspannend auf Ihr vegetatives Nervensystem und bringt Ihre Ver-
dauung wieder ins Lot.

Silicea

Ihre Haut ist der Spiegel Ihrer Seele: Wenn sich Ihr Stress an der
„Oberfläche" zeigt und manifestiert, greifen Sie zu Silicea. Die
beruhigt, steigert die Elastizität Ihrer „Hülle" und glättet alles
wieder.

Salutogenese

Als Apotheker bin ich nun (fast) arbeitslos – dafür sind Sie
als Unternehmer schon ein ein wenig fitter für die nächsten
Schritte in Richtung selbstbestimmtes Unternehmertum.
Richtig erfolgreich werden Sie, wenn Sie nun weiter lesen, um
mit mir gemeinsam die „Salutogenese", die Ausrichtung auf
Gesundheit, auf die ganzheitliche Gesundung Ihres Unternehmens zu betreiben. Ziel ist es dabei, wie in der Einführung
angedeutet, Sie so aufzustellen, dass Sie und Ihr Unternehmen
zukünftig gar keine Heilmittel mehr brauchen, weil alles
von Ihnen „selbst bestimmt" im Einklang mit Ihren Wünschen
und Qualitäten sowie zum Besten der Kunden reibungslos
abläuft.

Zum Abschluss dieses Teilkapitels darum noch eine kleine Acht-
samkeitsübung. Die bringt Sie weg von mittelmäßigen Gedanken in einen Flow-Zustand puren Glücks. Damit wirkt die ganze
Homöopathie gleich doppelt so gut.

Was vom Tage übrig bleibt

Halten Sie kurz inne und lassen Sie die folgenden Fragen auf sich wirken. Jede einzelne Frage sollten Sie nicht einfach nur überfliegen, sondern wirklich „inhalieren" und sich ernsthaft darüber Gedanken machen, ob Sie sie mit einem vollmundigen Ja beantworten können. Sollten Sie in der Summe eine positive Bilanz ziehen können, gratuliere ich Ihnen von Herzen!

- Gehe ich mit einem Lächeln zu meinem Arbeitsplatz?
- Nehme ich meine Kollegen und meine Kunden wirklich wahr und bin ich, wenn es gefordert wird, hundertprozentig präsent für sie?
- Habe ich das gute Gefühl, einen sinnvollen Wertbeitrag für andere (und nicht nur für mich alleine) zu leisten?
- Bringe ich andere mit meinem Wirken zum Lächeln?
- Bin ich eine Bereicherung für mein Umfeld?
- Habe ich heute ganz bewusst mal die Routine gebrochen?
- Habe ich meinem Kind heute wirklich zugehört und es ernst genommen?
- Habe ich beim Verlassen der Wohnung meiner Liebsten in die Augen gesehen und mich über den Kuss nicht nur beiläufig sondern tief im Inneren gefreut?

Und am wichtigsten ist folgende Frage:
- Gehe ich mit einem verschmitzten und glücklichen Lächeln ins Bett und bin ich dankbar für diesen einzigartigen Tag?

Kleiner Tipp: Zelebrieren Sie diese Woche jeden Abend diese Fragen mit voller Hingabe und haken Sie sie nicht einfach ab. Es macht den entscheidenden Unterschied zu einem mittelmäßigen Alltag, wenn Sie viele oder alle Fragen mit Ja beantworten können. Exzessives Glücklichsein – das kann kein Geld und keine Droge auf der Welt Ihnen schenken. Diese Rituale dagegen schon.

Der Bleistift: Symbol für eine erfolgreiche Positionierung und ein glückliches Leben

Wir nähern uns dem Kern der Sache, unserem, Ihrem Warum, dem Grund, warum Sie das alles tun, warum Sie Ihr Geschäft so führen, wie Sie es tun, warum Sie im Idealfall morgens energiegeladen aus dem Bett springen. Bevor ich im nächsten Teil dieses Kapitels genau darauf eingehe, möchte ich noch eine Geschichte mit Ihnen teilen, die mir in Sachen unternehmerischer Denkweise und Lebenseinstellung generell enorm auf die Sprünge geholfen hat: Was in einem kleinen und alltäglichen Gegenstand wie einem Bleistift doch für ein Erkenntnisgewinn stecken kann ... So ein Bleistift hat nämlich fünf Eigenschaften, die uns zu besseren und bewusster lebenden Menschen machen, wenn wir sie übernehmen. Die Geschichte stammt übrigens aus Brasilien und wurde vom Bestsellerautor Paulo Coelho (Coelho, 2012) aufgeschrieben.

BEISPIEL   **Die Geschichte vom Bleistift**

Ein Junge sah seiner Großmutter zu, wie sie einen Brief schrieb. „Schreibst du eine Geschichte, die uns passiert ist? Oder eine über mich?" „Ja", sagte sie, „ich schreibe über dich. Aber wichtiger als die Worte ist der Bleistift, mit dem ich schreibe. Ich wünsche mir von Herzen, du würdest so wie er, wenn du groß bist." „Wie ein Bleistift?", fragte der Junge erstaunt, „aber an dem ist doch nichts Besonderes!"

Die Großmutter erklärte: „Das kommt darauf an, wie du die Dinge betrachtest. Der Bleistift hat fünf Eigenschaften", fuhr sie fort, „und wenn du es schaffst, sie dir ganz zu eigen zu machen, wirst du zu einem Menschen, der in Frieden mit der Welt lebt.

Die erste Eigenschaft: Du kannst große Dinge tun. Aber du solltest dabei nie vergessen, dass es eine Hand gibt, die den Bleistift lenkt.

Die zweite Eigenschaft: Manchmal muss man das Schreiben unterbrechen und den Bleistift neu anspitzen. Dadurch leidet der Stift, aber hinterher ist er wieder spitz. Wie der Bleistift musst auch du gelegentlich Schmerzen ertragen, um besser zu werden.

Die dritte Eigenschaft: Damit wir Fehler korrigieren können, ist der Bleistift mit einem Radiergummi ausgestattet. Also brauchst du keine Angst vor Fehlern zu haben. Korrekturen helfen dir, auf dem rechten Weg zu bleiben.

Die vierte Eigenschaft: Worauf es beim Bleistift ankommt, ist nicht das äußere Holz, sondern die Qualität der Graphitmine im Inneren. Genauso ist dein Inneres wichtiger als dein Äußeres.

Schließlich die fünfte Eigenschaft: Der Bleistift hinterlässt immer eine Spur. Auch du hinterlässt mit allem, was du im Leben tust, Spuren."

Der Bleistift ist für mich eine Metapher für das Leben und für Erfolg geworden. Fünf Punkte sind mir wichtig:

1. Wir haben nicht nur die Möglichkeit, Spuren zu hinterlassen – in meinen Augen haben wir sogar die Verpflichtung dazu. Denken Sie an Shakespeare: Auch er hat (im übertragenen Sinne) „nur" mit einem Bleistift geschrieben – und damit die Welt aus ihren Angeln gehoben. Auch wenn Sie und ich nicht Shakespeare oder ein anderes literarisches Genie sind: Was hinterlassen Sie, wenn Sie mal nicht mehr da sind? Wie lautet die Essenz Ihrer ganz persönlichen Geschichte? Wie sieht Ihre individuelle Spur auf dieser Welt aus?

2. Fehler sind erlaubt, Sie sind sogar wichtig für die individuelle Lernkurve. Zur Not haben Sie den Radiergummi dabei, sprich: Sie können Ihre Fehler wieder korrigieren. Also: Seien Sie mutig! Abtreten müssen wir alle irgendwann, bis dahin zählt, was wir gelernt haben.

3. Wenn Sie den Bleistift anspitzen, verkürzt er sich. Unsere Lebenszeit ist begrenzt. Also lassen Sie uns etwas daraus machen. Länger als heute wird die Mine unseres Bleistiftes nicht mehr.

4. Das „Anspitzen" kann schmerzhaft sein – unser Leben oft auch. Wir sind hier auf dem Planeten Erde und nicht in Disneyland. Je spitzer der Bleistift, desto klarer die Schrift Ihrer Botschaft, und je spitzer Ihre Positionierung als Unternehmer, desto größer Ihre Erfolgsaussichten (dazu mehr in Kapitel 4). Wenn sich der Preis für das „Anspitzen" und Ihr Erfolg die Waage halten, hat es sich in der Summe schon mehr als gelohnt.

5. Das ist der wichtigste Punkt. Egal, wie Ihr Bleistift von außen aussieht, das Innere ist das, worauf es ankommt. Die Mine, dass Innere, das Wesentliche, ist für die Augen (bis auf die Spitze) nicht sichtbar – für das Herz schon.

Die zentrale Bedeutung Ihres ganz persönlichen Warum

Das „äußere" Spiel Wir bleiben beim Inneren, beim Wesentlichen, bei der Mine des Bleistifts: In der Wirtschaftswelt spielen wir als Unternehmer oft das Spiel „Ziele erreichen, Umsatz machen, Status erhöhen". Dieses Spektakel (das oft in ein „Höher-Schneller-Weiter" ausartet) nenne ich das „äußere Spiel". Es hat einen großen Nachteil: So gut wir darin vielleicht auch sind, ist es in unserer vernetzten Welt bereits jetzt fast unmöglich, alle Variablen in diesem Spiel zu steuern, und es wird mit allen rasend schnell ablaufenden Veränderungen in unserem Umfeld nur noch schwieriger werden.

Wir können uns also im Außen aufreiben und alles planen und beachten, was es zu planen und zu beachten gibt, ohne je wirklich sicher oder dauerhaft erfolgreich zu sein. Wir können zu wahren Planungs-Perfektionisten werden und uns total auf unsere Ziele fokussieren, aber das wird nur zur Folge haben, dass wir überhaupt nicht mehr in der Gegenwart leben, und das Hier und Jetzt komplett vernachlässigen. Besser ist, uns vor Augen zu führen, dass das Leben uns nichts Böses will, dass wir es nicht hundertprozentig kontrollieren müssen und dass wir nicht tausend Vorkehrungen für alle möglichen Eventualitäten treffen müssen: Das Leben ist nicht *gegen uns*, es ist *für sich* (was ein sehr großer Unterschied ist) – und genau darum entzieht es sich unserer Kontrolle.

Die Alternative zu diesem „äußeren Spiel" ist, dass wir das „innere Spiel" spielen, und dabei unser Bestes geben bei allem, was wir tun. Dann können wir natürlich das Außen immer noch nicht steuern – aber das müssen wir auch gar nicht. Denn die Sicherheit, die wir dann von innen heraus gewinnen, ist eine andere als die, die wir im Außen sonst ständig anstreben: Wir können uns beim „inneren Spiel" grundsätzlich der wichtigsten Sache sicher sein, nämlich, dass wir uns im Prozess der Weiterentwicklung befinden – und so werden wir am Ende in jedem Fall gewinnen. Allerdings können wir nicht wissen, wie wir gewinnen oder was wir gewinnen, nur *dass* wir gewinnen und *warum* wir gewinnen – nämlich weil wir unserem Weg folgen und wissen, *warum* wir ihn gehen. Zu diesen Gedanken hat mich mein Autorenkollege Jens Corssen mit seinem Buch „Das Corssen-Prinzip" (2016) animiert, und sie bilden den perfekten Auftakt für diesen Teil des Kapitels.

Das „innere Spiel" spielen

Das Spannende an diesen Gedanken, bezogen auf Ihre, auf unsere Situation als Unternehmer: Alles, was sich im Außen abspielt – unsere ganze Planung und alle unsere Reaktionen auf Rahmenbedingungen oder auf Kundenwünsche, unsere Preispolitik, unser Marketing, unsere Produkte und unsere Läden –

ist heute kopierbar und bietet uns keinerlei Sicherheit mehr. In China und im Fernen Osten sitzen die Spezialisten im perfekten Nachbau und sind dabei garantiert so viel billiger, dass uns nicht der Hauch einer Chance bleibt.

Ihr Warum macht Sie attraktiv Warum oder wann also kaufen Kunden noch bei uns? Ganz einfach: Nur dann, wenn sie hinter den Produkten oder Dienstleistungen einen „Spirit" spüren, einen Geist, der das Ganze trägt. Nur der allein ist nämlich nicht kopier- oder austauschbar. Und: Er ist absolut begehrenswert. Kunden wollen dieses Gefühl, sie wollen ein Teil davon werden. Oder warum sollten sie sonst die Nacht vor dem Apple-Store verbringen, wenn am nächsten Morgen das neue iPhone gelaunebt wird?

Dieser Geist entsteht jedoch nur dann, wenn wir unser Warum kennen, unser Geschäft danach ausrichten und es ausstrahlen und kommunizieren. Denken Sie nun bei Warum bitte nicht ans Geldverdienen – das ist kein echtes Warum, da schwebt kein Geist über den Wassern des Geschäftes, da sind wir wieder rein im Außen, im Materiellen, statt im Inneren bei den Gefühlen. Geld ist höchstens das Resultat eines starken Warum im Business. Ihr echtes Warum ist *Ihre innere Triebfeder, Ihr persönlicher Ansporn, Ihre individuelle Leidenschaft und Ihre Vision* von einer Welt, die mit Ihrer Hilfe ein kleines bisschen besser wird.

Bruno berichtet

Mein Boss arbeitet im richtigen Beruf. Sein Warum ist ganz klar: Er will Menschen helfen und ihre Lebensqualität verbessern. Aus diesem Grund begeistert er sich für Pharmazie, aber auch für Homöopathie. Dafür hat er sogar extra noch mal studiert, und zwar den Masterstudiengang „Kulturwissenschaften – komplementäre Medizin". Das befähigt ihn, seine Kunden gezielt naturheilkundlich zu beraten. Darüber hinaus hat er von der

Apothekenkammer Baden-Württemberg die Zusatzbezeichnung
„Homoöpathie und Naturheilkunde" erlangt. Und er darf außer-
dem seine eigene homöopathische Produktlinie herstellen und
verkaufen – das wäre ohne diese „Extrameile" sehr unwahr-
scheinlich und wenig zielführend gewesen.

Der wunderbare Autor Simon Sinek (Sinek, 2009) hat zur Idee
des Warum das Modell eines „Golden Circle" entwickelt, in dem
deutlich wird, wie Unternehmen sich von innen nach außen am
besten aufstellen und wie diese Aufstellung in der Realität meist
umgesetzt wird. Stellen Sie sich dazu eine Art Zielscheibe mit
drei Kreisen vor:

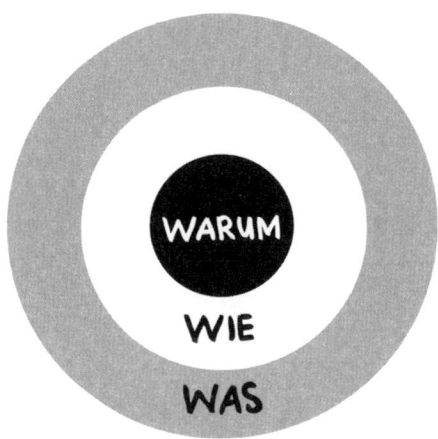

Der Goldene Kreis nach Simon Sinek

Der äußere Kreis betrifft das Was, also das, was eine Firma
oder Organisation tut, welche Produkte und welchen Service sie
verkauft oder welche Rolle sie in einem System einnimmt. In
diesem äußersten Kreis sind die meisten Unternehmen gut
aufgestellt, d. h., sie beherrschen das, was sie tun.

Der mittlere Kreis betrifft das Wie. Schon viel weniger Unternehmen wissen, wie sie das tun, was sie tun. Wenn sie es wissen, haben sie etwas, das wir meist „Alleinstellungsmerkmal" oder „USP" nennen. Unternehmen erklären über ihr Wie, wie verschieden von anderen und um wie viel besser als andere sie sind. Das Wie ist längst nicht so einfach zu erkennen wie das Was – deswegen sehen viele Organisationen es als die bedeutendste Grundlage ihres Erfolgs an. Das aber ist ein Trugschluss, denn das Wichtigste fehlt noch.

Im inneren Kreis der Zielscheibe, im „Bull's Eye", sitzt das Warum: Nur ganz wenige Unternehmen oder Menschen können klar ausdrücken, warum sie das tun, was sie tun, warum Ihr Unternehmen existiert (Sinek, 2009, S. 40).

Von innen nach außen

Die häufigste „Fehldiagnose" ist aus meiner Sicht, dass die meisten Organisationen und Unternehmen denken, sie müssten von außen nach innen arbeiten. Sie beginnen beim Was und enden beim Warum (wenn überhaupt, denn dazu müssten sie es kennen). So fühlen sie sich sicher – denn sie fangen mit den klaren Dingen an und enden bei denen, die ihnen unklar sind. Und hier geht es dann schief: Firmen verkaufen zwar das, was sie tun, die Kunden aber kaufen, *warum* sie es tun.

Nehmen wir den Kaufhof als Beispiel. Sein Was könnte man in etwa so beschreiben: „Wir sind Kaufhof, das große Warenkaufhaus." Jetzt die Frage: Wie machen wir das? Antwort: „Wir bieten hochwertige Waren zu erschwinglichen Preisen an." Aha, soweit, so gut. Aber was mir persönlich komplett dabei fehlt, ist das Warum. Warum seid ihr am Markt? Warum seid Ihr ein Warenkaufhaus und bietet hochwertige Waren zu erschwinglichen Preisen an? Mal ganz abgesehen davon, dass sich bei meinem letzten Besuch jeder Verkäufer erfolgreich vor mir verstecken konnte. Und sogar am „Service-Point" konnte ich erfahren, wie es sich anfühlt, einsam zu sein. Ich hätte stundenlang im Zen-Modus meditieren können, ohne Gefahr zu laufen, angesprochen und aus meiner Trance herausgerissen zu werden. Grausam, so schnell komme ich nicht wieder. Und das Warum habe ich auch leider nicht erfahren dürfen.

USP gesucht

Unternehmen, die so sehr auf der Basis eines Was agieren, müssen tagtäglich überlegen, wie sie sich unterscheiden, wie sie sich vom Wettbewerb abheben können. Unternehmen mit einem echten Warum dagegen können es sich leisten, ihren Wettbewerb links liegen zu lassen. Firmen und Organisationen mit einem echten Warum müssen sich genau darüber keine Sorgen machen. Sie wissen, dass sie anders sind, sie fühlen ihren inneren Wert und haben es nicht nötig, die Kunden mit Was und Wie von ihrem äußeren Wert zu überzeugen. Sie sind einfach anders, und alle fühlen das (Sinek, 2009, S. 47). Das sind inspirierte Unternehmen, Unternehmen mit Charisma!

Charisma bringen wir oft mit Energie, mit einem energischen Auftritt in Verbindung. In Wahrheit hat Charisma nichts mit Energie zu tun, sondern ist eine Folge von Klarheit über das echte Warum. Charisma strahlen wir, strahlen Unternehmen aus, die für ein Ideal stehen, das größer ist als wir oder sie selbst (Sinek, 2009, S. 126). Und das lieben die Käufer. Denn Menschen kaufen nicht das, was ein Unternehmen tut oder wie es das tut, sondern warum. Im Warum liegen die Emotionen. Das Warum schafft die Kundenloyalität, die im Preisdumping fehlt.

Die Bindung, die auf der Basis des Warum zur Gefühlsebene des Kunden entsteht, ist stark. Die Kunden sind und bleiben loyal, weil sie mit genau diesem Unternehmen und mit keinem anderen eine Geschäftsbeziehung wollen. Niedrigere Preise eines Wettbewerbers spielen dann kaum eine Rolle und sind in jedem Fall keine durchschlagenden Kaufargumente (Sinek, 2009, S. 32).

Denken Sie an Apple: Ist Apples Technik viel besser als etwa die von Samsung? Nein. Und günstiger als der Wettbewerb ist Apple schon gar nicht. Trotzdem habe ich noch nie davon gehört, dass ein Kunde sein Zelt nachts vor einem Samsung-Shop aufgeschlagen hätte, um das neue Galaxy am Tag seines Erscheinens sofort zu besitzen – bei Apple jedoch kennen die Kunden das Warum: „Bei allem, was wir tun, geht es für uns darum, das Bestehende infrage zu stellen. Wir glauben daran, dass man anders denken muss. Wir stellen das Bestehende infrage, indem wir unsere Produkte schön, einfach und anwenderfreundlich gestalten. Und wir machen auch großartige Computer. Willst du einen kaufen?" (Sinek, 2009, S. 42). So beginnt die Zauberformel, und alle Kunden möchten Teil dieser Magie sein.

Starke Gefühle, starke Marken

Die Basis dafür, dass dies gelingt, ist die Art, wie wir Menschen als soziale Wesen funktionieren. Wir lieben nämlich das Gefühl, das wir haben, wenn unsere Umgebung unsere Werte und das, was wir glauben, teilt. Wenn wir diese Zugehörigkeit fühlen, dann empfinden wir Verbundenheit und fühlen uns sicher. Wir sehnen wir uns nach diesem Gefühl und gehen aktiv auf die Suche nach ihm (Sinek, 2009, S. 53). Dieses Gefühl der Zugehörigkeit wollen wir so stark, dass wir dafür einiges auf uns nehmen (wie etwa vor dem Apple Store zu übernachten), irrationale Dinge tun und sogar viel Geld ausgeben (den „Trennungsschmerz" vom Geld fühlen wir hier überhaupt nicht).

Wenn also ein Unternehmen ganz klar sagt, warum es etwas tut und woran es glaubt, und wenn wir dieses Warum glaubwürdig finden und es bei uns gefühlsmäßig „andockt", dann werden wir nichts lieber wollen, als dessen Produkte oder Marken in unserem Leben zu haben. Und zwar nicht, weil sie unbedingt besser sind, sondern weil wir sie als Kennzeichen für die Werte und Überzeugungen sehen, die uns ausmachen und uns etwas bedeuten.

Die Anziehungskraft von Unternehmen, die ausdrücken können, woran sie glauben, ist also enorm. Wer uns das Gefühl gibt, dass wir zu einem ausgewählten Kreis dazugehören, dass wir in Sicherheit und nicht allein sind, dem vertrauen wir. Dieser

„Lockruf" läuft bei uns neuronal über das limbische System. Das ist einer der ältesten Teile des Gehirns und zuständig für unsere Gefühle sowie für die Kampf- oder Fluchtreflexe. Die Macht dieses limbischen Systems ist außergewöhnlich. Es kontrolliert die Entscheidungen, die wir aus „dem Bauch heraus" treffen, und es sorgt auch dafür, dass wir eben manchmal Dinge tun, die vielleicht unlogisch oder irrational sind, aber die sich für uns „richtig anfühlen" (Sinek, 2009, S. 60).

Noch mal zurück zur Anekdote aus dem Kaufhof, die leider wahr und nicht erfunden ist. Nach dieser Lonelyness- statt Happyness-Experience habe ich mich in den nächsten Laden aufgemacht, in den Nike-Store. Mal ganz abgesehen davon, dass die Verkäufer dort freundlich und aufmerksam auf mich zugekommen sind, ist mir vor allem ein bestimmtes Bild ganz im Gedächtnis geblieben, ein Claim, ein Spruch voller Power, der mitten im Sichtfeld eines jeden Kunden hing, der den Laden betritt: „We don't want to make products for everyone. We want to make products for champions."

Kleidung für Champions

Das ist ein Warum! So etwas spricht mich an, das spricht Kunden an. Klar, jeder will ein Champion sein. Dann das Wie: Wie macht das Nike das? Ganz einfach, das Unternehmen macht ziemlich coole und trendige Kleidung. Dabei ist diese auch noch hochfunktionell (bügelfrei, wasserdicht und atmungsaktiv). Und dann das Was – ja genau, wir sind übrigens ein Sportbekleidungsunternehmen.

Nike kennt sein Warum! Und daraus ergibt sich das Wie und daraus schließlich das Was. Gekauft habe ich dort natürlich auch etwas. Eine coole Kappe und eine coole Weste – für den Champion in mir.

Dazu noch eine wahre Geschichte, wiederum inspiriert durch den fantastischen Simon Sinek, der den Mut hatte, aus seiner etablierten und gut laufenden Werbeagentur auszusteigen, um seinem eigentlichen unternehmerischen Warum zu folgen: andere Menschen zu inspirieren und ihnen zu helfen, jeden Tag ein kleines bisschen besser zu werden.

Sky is the limit

Dies ist die Geschichte eines Aufstiegs, der uns alle betrifft: des Aufstiegs der Menschheit in die Lüfte – die Geschichte der Fliegerei. Die Protagonisten der Geschichte sind die Luftfahrt-Pioniere Gebrüder Wright, die Sie wahrscheinlich alle kennen, und Samuel Langley. Wer ist das denn? Sehen Sie, das ist schon mein erster wichtiger Punkt. Obwohl Langley zu seiner Zeit ein bekannter und sehr gut vernetzter Wissenschaftler und Geschäftsmann war, kennt ihn heute kaum einer mehr. Er hatte einen Ruf als Astronom, er war Mathematikprofessor an der US-Marine-Akademie und er hatte viele einflussreiche Freunde in Politik und Gesellschaft. Und er hatte sich in den Kopf gesetzt, ein Flugzeug zu bauen – steuerbar, kontrollierbar und mit einem Piloten an Bord.

Langley hatte zu diesem Zweck einige der besten Köpfe seiner Zeit um sich versammelt: Sein Super-Team bestand unter anderem aus dem Testpiloten Charles Manly, einem brillanten Maschineningenieur, und aus Stephan Balzer, der in New York das erste Auto entworfen hatte. Die finanzielle Ausstattung – das Kriegsministerium, Vorgänger des Verteidigungsministeriums, hatte 50.000 US-Dollar in sein Projekt investiert –, das Material, die Marktbedingungen und seine Öffentlichkeitsarbeit waren einfach perfekt. Die New York Times präsentierte ihn, wann immer möglich: Alle kannten Langley damals und fieberten seinem Erfolg entgegen.

Getrieben durch den Traum *Einige hundert Kilometer weit weg, in Dayton, Ohio, bastelten die Gebrüder Wright ebenfalls an ihrer Flugmaschine. Von einem Erfolgsrezept oder einer komfortablen Ausstattung konnte hier keine Rede sein: Sie hatten keine Finanzierung, keine Zuschüsse der Regierung und keine guten*

Verbindungen auf höchster Ebene. Aber alles, was sie mit ihrer Fahrradwerkstatt erwirtschafteten, floss in ihren großen Traum vom Fliegen. Ja, Orville und Wilbur Wright hatten diesen Traum. Sie wussten, warum es wichtig war, eine Flugmaschine zu bauen. Sie wollten die Welt verändern und sie ein bisschen besser machen; sie malten sich den Nutzen aus, den die Menschheit im Fall ihres Erfolges hätte.

Die Nagelprobe kam ganz automatisch mit den Fehlschlägen, die man in einem solch ambitionierten Projekt immer erleidet. Langley wurde mit seiner temporären Niederlage nicht fertig: Bei seinem Testflug war er im Potomac-River gelandet, und in den Zeitungen machte man sich lustig über ihn. Es war ihm wichtiger, was die anderen über ihn dachten, als sein Ziel weiter zu verfolgen.

Ganz anders die Wright-Brüder: Sie gaben alles. Ihre Fehlschläge konnten sie schon nicht mehr zählen, aber sie und ihr Team waren so hochgradig motiviert, dass sie es wieder und wieder versuchten, wie viele Rückschläge sie auch zu verkraften hatten. Jedes Mal, wenn Orville und Wilbur zu einem Testflug abhoben, so weiß die Legende, nahmen sie fünf Serien von Ersatzteilen mit, da sie wussten, dass sie ebenso viele Male scheitern würden. Und dann endlich gelang ihnen der große Wurf: Ein 59 Sekunden langer Flug in nur 36 Meter Höhe im Jogging-Tempo war alles, was es brauchte, um eine Technologie einzuführen, die schließlich unsere Welt verändern würde. Ihr Warum hatte gesiegt!

Langley dagegen gab sein Projekt einige Tage nach dem Erfolgsflug der Gebrüder Wright auf, statt sich durchzubeißen und zu versuchen, die Technologie zu verbessern. Das Licht seines schwachen Was war einfach erloschen, während die helle Flamme des Warum der Gebrüder Wright zum Himmel empor loderte. Langley war zu hundert Prozent erfolgsgetrieben. Ja, er hatte eine Leidenschaft für die Luftfahrt, aber er wollte damit nichts erreichen – er wollte einfach nur der Erste sein und berühmt werden; das war seine Hauptmotivation. Er hatte das, was wir auch heute noch ein äußerst probates Erfolgsrezept nennen würde: viel Geld, die besten Leute und ideale Marktbedingungen. Aber wer war noch mal Samuel Langley? (Sinek, 2009, S. 92 – 94)

Warum bringe ich Sineks Ansatz so ausführlich? Ganz einfach: Aus meiner Sicht beantwortet das Warum die Frage: Was macht und hält Unternehmen gesund? Das ist Salutogenese pur, wie oben bereits kurz angerissen. Nicht schauen, was alles falsch läuft, was uns, was unsere Unternehmen „krank" macht, und wie wir es „heilen" können, sondern andersherum denken, vom innersten Kern her, von der Strahlkraft des Warum, das das Wie und das Was erst sinnvoll macht und mit Leben füllt.

Ihr Warum

Wer mit Preisnachlässen und Kostensenkungen arbeitet, manipuliert – wer aus dem Warum heraus handelt, ist inspiriert und inspiriert seine Kunden.

Ihr Warum finden Sie, wenn Sie achtsam mit sich sind und tief in sich hineinhören. Jeder Mensch ist etwas ganz Besonderes, jeder hat ganz spezielle Qualitäten. Die Kunst ist es, sich das generell bewusst zu machen und dann im nächsten Schritt seine individuellen Antreiber, Erlebnisse und Wünsche anzuschauen. Sie schlummern alle tief in uns. Wir alle haben ein Warum, aber wir müssen es aus der Versenkung holen und bewusst damit arbeiten.

Beantworten Sie in Bezug auf Ihr eigenes Business folgende Fragen:
- Was genau tun Sie?
- Wie tun Sie es?
- Können Sie Ihr Warum in Worte fassen? Was ist Ihr innerster Antreiber? Was erfüllt Sie mit Begeisterung und Freude, wenn Sie an Ihr Geschäft denken? Was lässt Sie auch in schwierigen Phasen durchhalten und nicht aufgeben? Falls Ihnen Ihr Warum im Moment noch nicht bewusst ist, bleiben Sie dran! Wenn Sie sich ein paar Tage darauf konzentrieren, dann fällt

Ihnen Ihr Warum ein – vielleicht unter der Dusche oder in einem entspannten Moment. Lassen Sie nicht locker, den „Kern" Ihres Geschäfts zu identifizieren.

- Und wenn Sie ihn gefunden haben, dann beschreiben Sie mal Ihr Geschäft – Ihr Warum, Wie und Was – mit Ihren Worten, so wie im Beispiel von Apple.
- Wenn Sie Ihr Warum gefunden haben, dann überprüfen Sie, inwieweit Ihr Geschäft in seiner jetzigen Form Ihrem Warum überhaupt entspricht. Wären Veränderungen erforderlich, um es Ihrem Warum deutlicher anzupassen?

Mode mit zukunftsfähigem Zeitgeist: Sina Trinkwalder und ihr „manomama"

BEISPIEL

Eine herkömmliche Jeans umkreist zweimal den Globus, bis sie fertig ist, im Laden hängt und schließlich beim Kunden landet. Das hat Sina Trinkwalder, die Gründerin von „manomama" zwar schon immer genervt, seit sie es wusste, aber das war nicht der Grund, warum sie ihr in Deutschland einzigartiges Mode-Unternehmen an den Start gebracht hat. Trinkwalder hat das Pferd bei ihrer Unternehmensgründung sozusagen von hinten aufgezäumt.

Normalerweise ist die Basis einer Unternehmensgründung eine neue Produktidee oder eine innovative Dienstleistung. Und die gilt es dann mit der geeigneten Mannschaft umzusetzen und erfolgreich zu machen. Bei manomama aber lief das völlig anders:

Sina Trinkwalder, Unternehmerin und Mutter eines Sohnes, leitete zusammen mit ihrem Mann elf Jahre lang eine Werbeagentur, bis es irgendwann bei ihr einfach „Klick" machte.

Ihre alles beherrschende Grundidee für ein neues Unternehmen war „einfach nur" der Mensch. „Lass uns doch etwas machen, wo wir Menschen, die sonst jede Firma ablehnt, eine Chance geben, ihren eigenen Lebens-

unterhalt zu erwirtschaften, so dass sie wieder vollwertig an unserer Gesellschaft teilhaben", so Trinkwalders Motivation. Menschen? Ja, klar! Aber: echt alle Menschen? Genau die! Jung oder alt, gehandicapt, mit Migrationshintergrund, Alleinerziehende, Menschen mit oder ohne Schulabschluss. Alle diese Menschen haben zwei Dinge gemeinsam: In den Jobcentern wurden sie als „Menschen mit multiplen Vermittlungshemmnissen" oft in die hinterste Schublade verbannt, während sie bei manomama wertvolle, fleißige und eigenverantwortlich handelnde Mitarbeiter sind. Sie arbeiten ausschließlich in unbefristeten Arbeitsverhältnissen, haben branchenüberdurchschnittliche Stundenlöhne sowie Arbeitszeiten, die mit der Familie vereinbar sind.

Um diesen zentralen Gedanken herum, um dieses wichtige Warum, hat Sina Trinkwalder ihre Modefirma aufgebaut und ihre Marktnische gefunden, die selbstverständlich den ganzheitlichen Ansatz der Gründerin bis ins Detail hinein weiterverfolgt: Alle Produkte sind „radikal regional", wie es auf der Homepage heißt. Hanf, Leder und Schurwolle kommen aus der Region, nur die Biobaumwolle wächst nicht bei uns in Westeuropa, deswegen bezieht manomama sie vom nächstgelegenen Punkt: aus der Türkei und Tansania. Die Produktion der Kleidung wird weitgehend im Umkreis von 300 Kilometern um Augsburg realisiert, aber auf jeden Fall immer in Deutschland. Dabei verzichtet manomama komplett auf Synthetik-Komponenten, weil dadurch aus einem recyclingfähigen Stoff ein Stück Sondermüll wird, das nach dem Tragen keinem Kreislauf mehr zugeführt werden kann.

Sina Trinkwalder hat ein klares Warum, und auf dieser Basis gründet ihr gesamtes Geschäft: Sie will vorhandene Ressourcen nutzen und bestmöglich einsetzen. Ressourcen – das können Menschen sein, das kann Deutschland als für die Textilherstellung eigentlich „unmöglicher", weil viel zu teurer Produktionsstandort sein, das kann der Bezug von ausschließlich einheimischen und biologisch abbaubaren Rohstoffen sein. Trinkwalder nutzt Ressourcen, die nach herrschender Ansicht „unbrauchbar" sind, und stellt damit nach eigener Aussage „die Wirtschaft auf den Kopf".

Seit sieben Jahren ist manomama nun am Markt und hat in dieser Zeit sensationell viele Preise gewonnen, darunter den Deutschen Nachhaltigkeitspreis „Social Entrepreneur" und den Barbara-Künkelin-Preis 2014 für couragierte Frauen, die etwas ändern wollen.

Starker Auftritt mit einem starken Warum: Interview mit Siegfried Fink

Zur „sonnigen" und motivierenden Fortsetzung ein Interview mit meinem guten Geschäftspartner Siegfried Fink, dem Geschäftsführer der Firma „Sonnenmoor". Ich kenne kaum ein Unternehmen mit solch einem starken Warum, vielleicht weil die Entstehung der Firma so eng mit der persönlichen Geschichte (und auch mit der persönlichen Gesundheit) des Vaters von Siegfried verbunden ist. Franz Fink war ein Art Überlebenskünstler und reaktivierte in einer besonderen Lebenssituation das alte Wissen seiner Großmutter über Kräutermischungen, um sich selbst zu heilen. Dass dies so große Kreise ziehen und dazu führen würde, daraus eine neue unternehmerische Basis für sein Leben und das seiner Familie zu formen, hat er sich damals sicher nicht träumen lassen. Aber seit er, sein Sohn und die Firma das große Ziel verfolgen, Menschen zu helfen und ihnen mehr Gesundheit und Lebensqualität zu schenken, ist die Geschichte von Sonnenmoor eine einzige große Erfolgssaga. Ich fühle mich Sonnenmoor sehr verbunden, stehe als Apotheker voll hinter den Produkten und halte dort auch regelmäßig Vorträge. Und immer wieder bin ich von der Atmosphäre dort sehr angetan. Stellen Sie sich vor: Siegfried Fink geht jeden Morgen durch die Firma und begrüßt jeden Mitarbeiter persönlich. „Das ist Herzenssache", wie er sagt (www.sonnenmoor.at).

Reuter: Siegfried, warum ist es für Dich als Unternehmer im Bereich „Naturheilkunde" wichtig, Dich von der breiten Masse vieler anderer Anbieter mit solchen Produkten abzuheben?

Fink: Ich bin dabei vielfach, sozusagen „multipel", motiviert. Einerseits führe ich das Lebenswerk meines Vaters weiter und tue alles dafür, um das Unternehmen Sonnenmoor weiterhin bestehen zu lassen – ultimativ natürlich, um Menschen zu helfen, die krank sind. Aber auch, um meinen Mitarbeitern einen sicheren Arbeitsplatz zu garantieren und letztlich auch, um meine ganz persönlichen Spuren auf dieser Welt zu hinterlassen.

Reuter: In Eurem Unternehmen, in Eurem Konzept: Welche Dinge habt Ihr im Vergleich zu anderen Anbietern weggelassen?

Trend sein, nicht
Trends folgen

Fink: Oh, da gibt es einiges (schmunzelt). *Zum einen erfinden wir keine Geschichten, um unsere Produkte attraktiv zu machen, und machen keine Versprechungen, die wir nicht halten können. Wir verkaufen nur mit Fakten und mit offenem Visier. Dann folgen wir keinem Trend – niemals. Wir sind unser eigener Trend. Und natürlich sind alle unsere Produkte frei von chemischen Zusätze und Konservierungsstoffen. Und wir haben uns grundsätzlich davon verabschiedet, um jeden Preis erfolgreich sein zu wollen. Erfolg geht nur nach unseren Regeln.*

Reuter: Was habt Ihr reduziert, welche Dienstleistungen und Sortimente sind nun kleiner, oder welche habt Ihr ganz weggelassen?

Fink: Dienstleistungen haben wir grundsätzlich nie reduziert, nur immer weiter ausgebaut. Aber ein Produkt, unsere Pferdeserie, haben wir aus dem Programm genommen.

Reuter: Und wo habt Ihr die Schlagzahl erhöht?

Fink: Wir haben uns mehr Kompetenz ins Haus geholt und einige Mitarbeiter mehr in verschiedenen Bereichen eingestellt, z. B. in der Produktentwicklung. Und im Onlinehandel haben wir zusätzlich Gas gegeben.

Reuter: Welche Produkte und Dienstleistungen habt Ihr neu erschaffen?

Fink: Produktinnovationen haben bei uns immer Priorität. Neu   Innovationen
etwa ist die Lärchenpechsalbe gegen Muskelbeschwerden und
Neuralgien. Daneben arbeiten wir immer an noch mehr Schulungen für unsere Mitarbeiter und am Ausbau unseres Außendienstes.

Reuter: Was war bis jetzt Deine erfolgreichste, Deine kreativste Idee?

Fink: 1985 habe ich aus dem Telefonbuch viele Adressen herausgeschrieben und allen Haushalten dann ein kostenloses Buch mit einem Begleitschreiben meines Vaters geschickt. Der Rücklauf lag bei sensationellen 30 Prozent. Dann unser Neubau im Jahr 2004, der quasi ganzheitlich unsere Philosophie widerspiegelt, samt dem neuen Shop vor Ort. Und dann mein Entschluss, endlich selbst Seminare zu bestimmten Themen abzuhalten. Wobei es mir auch darum geht, das Moor an sich „salonfähig" zu machen, den Menschen seine Heilkraft bewusst zu machen und ihnen zu zeigen, welche Schätze die Natur im Moor für uns bereit hält. Und nicht zuletzt versuche ich auch ständig recht erfolgreich, unseren Export weiter anzukurbeln. Aktuell haben wir z. B. einen neuen Vertriebspartner für die Vereinigten Arabischen Emirate gewonnen.

Reuter: Was war geschäftlich dein größter Fehltritt?

Fink: Oh, das war nur einer, aber sehr lästig. Ich habe einen Vertrag mit unserem Exportpartner in Deutschland verlängert, obwohl ich von der Sache schon nicht mehr überzeugt war.

Reuter: Die meisten Hersteller behaupten, sie seien Hersteller der Ware X (das ist ihr Was nach dem Golden Circle von Sinek) und sie würden dabei sehr gut beraten (das ist ihr Wie). Ich habe aber festgestellt, dass alle richtig erfolgreichen Unternehmer einem großen Warum folgen. Nach dem Motto (für unsere Branche): „Wenn man eine Krankheit behandelt, gewinnt oder verliert man. Aber wenn man einen Menschen behandelt, gewinnt man immer – ganz gleich, wie die Diagnose ausfällt." Das ist übrigens ein Zitat aus dem Film „Patch Adams" mit dem fantastischen Robin Williams in der Titelrolle. (Youtube.com (2))

Bei uns muss der Mensch merken, dass es um ihn geht. Das ist unser wichtigster Glaubenssatz. Wie würdest Du Euer Warum beschreiben, aus dem sich das Wie (Eure Positionierung) und das Was ergeben?

Fink: In dieser Hinsicht haben wir eine sehr breite Basis: Mein Vater hat den Grundstein zum Unternehmen gelegt. Und wir wollen Spuren hinterlassen in Form von Lebensqualität, Gesundheit, Freude und gesunden Kindern. Also erreichen, dass Menschen durch unsere Beratung und durch unsere Produkte gesund werden.
Dann wollen wir auch dafür sorgen, dass jeder Mitarbeiter sein eigenes persönliches Erfolgserlebnis hat. Und wir wissen, dass wir etwas ganz Besonderes machen, das kaum ein anderes Unternehmen im deutschsprachigen Raum macht. Wir sind ein Mittel zum Zweck, quasi eine Art Katalysator, denn die Natur hat uns das Moor und die Kräuter zur Verfügung stellt, ohne dass wir es in Auftrag gegeben hätten. Und wir nutzen diese Möglichkeit, um Menschen und Tieren zu helfen. Und das machen wir mit Begeisterung, mit Freude, mit Einsatz, als Team und mit Erfolg, so dass wir die Nummer eins am Markt wurden und sind.

Die wichtigsten Eigenschaften eines Unternehmers

Reuter: 80 Prozent aller Unternehmensneugründungen überleben die ersten fünf Jahre nicht. Was sind Deiner Meinung nach die zwei bis drei wichtigsten Eigenschaften eines Unternehmers, um langfristig erfolgreich am Markt bestehen zu können?

Fink: Hundertprozentig dazu zu stehen, was man tut. Dazu mindestens einmal öfter aufzustehen als hinzufallen – sowie eine gute Idee, einen guten Plan zu haben und sich selber gut verkaufen zu können. Und ganz wichtig: Sich nicht selbst zu überschätzen. Das mit dem Verkaufen gilt ganz besonders bei Neugründungen; die können sich häufig schlecht verkaufen. Die beste Idee ist nicht die Lösung, wenn man sie nicht verkaufen kann. Und dann muss man immer selber mehr geben, als man von jemand anderem erwartet. Man darf sich für nichts zu schade sein.

Reuter: Wenn Du den 20-jährigen Siegfried Fink heute treffen würdest, welchen Ratschlag würdest Du ihm geben?

Fink: *Eine Weiterbildung in Richtung Betriebswirtschaft zu machen. Und sich die Zeit zu nehmen, zu durchdenken, was er alles mit seiner Ausbildung und seinen Fähigkeiten tun könnte oder möchte. Dann diese Entscheidung treffen, und wenn er eine Nacht darüber geschlafen hat und sich das Ganze noch immer gut anfühlt, dann diese Entscheidung umsetzen. Weiterhin so viel wie möglich von seinem Vater Franz Fink lernen in Bezug auf Kräuter, Moor und Krankheiten und sich dessen gutes Verhandlungsgeschick zu eigen machen. Dabei immer offen sein für Neues, neugierig sein, aber auch den Mut haben, Entscheidungen über den Haufen zu werfen, wenn man erkennt, dass es nicht richtig läuft. Und zuletzt: früh genug die Weichen für die Nachfolge zu stellen.*

Reuter: Und welchen Ratschlag würdest Du Deinem Vater in diesem Alter geben?

Fink: *Dass er es genau so macht, wie er es gemacht hat. Weil er ein gutes und erfülltes Leben gehabt hat. Er musste sich nichts vorwerfen; er ist sich immer selbst treu geblieben. Er hat immer gemacht, was ihm Spaß machte, wobei er darauf geachtet hat, dass er sich finanziell weiterentwickeln kann.*

Reuter: Welche Empfehlungen würdest Du, basierend auf Deinem Erfahrungsspektrum, KMU aus anderen Branchen zur erfolgreichen Marktpositionierung geben?

Fink: Sie sollen auf richtig gute Mitarbeiter setzen. Mitarbeiter sollen in erster Linie Erfolgsfaktoren und erst in zweiter Linie Kostenfaktoren sein. Und: Man muss sich in die eigenen Kunden hineinversetzen können, ohne komplett für den Kunden denken zu wollen. Schließlich: Mit der Digitalisierung up to date bleiben. Da muss man heute unbedingt mithalten – sonst ist man weg.

Reuter: Vielen Dank, Siegfried!

Perlentaucher im Meer Ihrer Individualität

Haben Sie Ihr Warum schon gefunden? Folgende Fragen können Ihnen dabei helfen, den Schatz Ihrer ganz besonderen Eigenschaften sowie individuellen Erlebnisse und Antreiber aus Ihrem Unterbewusstsein zu bergen:

- Was war schon als Kind Ihr eigentlicher, Ihr größter Berufswunsch?
- Was war Ihr größter Erfolg in Ihrer Ausbildung?
- Wozu haben Sie sich eigentlich schon immer berufen gefühlt?
- Was war bis jetzt Ihre größte Niederlage (in der Schule, beruflich oder privat)?
- Und wie hat sie Sie geprägt?
- Welche Spuren hinterlassen Sie durch ihr Tun? Welche „Pflöcke" schlagen Sie dadurch im realen Leben ein?
- Welche Spuren hinterlassen Sie in der virtuellen Welt, also im Internet?
- Was war bis jetzt Ihr stolzester Moment?
- Was war Ihr traurigster Moment?
- Gab es einen Anlass oder einen Moment, in dem Sie jemanden gerettet haben?
- Was waren früher Ihre großen Vorbilder?

- Und welche Vorbilder haben Sie heute?
- Was sind Ihre innersten Überzeugungen zu unserer Gesellschaft?
- Was war bis jetzt Ihr größtes Abenteuer?
- Und was Ihre innigste Umarmung?

Fazit

Ihre ganz persönliche Bilanz hilft Ihnen, sich zu sortieren und in sich hinein zu spüren: Was ist es, das Sie Ihre Maschine hochfahren lässt – und sie am Laufen hält? Was macht Ihnen am meisten Spaß? Was ist der Grund, warum Sie morgens mit einem Lächeln im Gesicht aufstehen?

Wenn Sie das erspürt und gefunden haben, dieses Warum, dann kommt der wirkliche „Punctus Knactus", der direkte Bezug zu Ihrer aktuellen beruflichen und unternehmerischen Situation: Passt da etwas? Stimmt Ihr Warum überein mit dem, was Sie aktuell tun? Wofür treten Sie eigentlich an mit Ihrem Business? Ist das, was Sie wirklich tun möchten, nachhaltig? Oder sind Sie vielleicht als Tiger gestartet und liegen gerade als Bettvorleger auf dem Boden? Wie die Situation auch ist: Sie brauchen Ihr Warum, und wenn Sie es gefunden haben, wird sich etwas ändern. Ihre Richtung wird sich ändern, und Sie werden sich ändern – in Richtung zu mehr Selbstbestimmung.

2

Werden Sie zum Menschen-Magneten!

Brunos Beipackzettel:
Das Kapitel auf einen Blick

Warum nur Menschen ein Kundenparadies schaffen können und wie eine wirklich „paradiesische" Kundenerfahrung aussieht. Wieso der „Menschen-Magnet" im Unternehmen in zwei Richtungen wirken muss. Wie Sie es schaffen, den Magnetismus auf Kunden und Mitarbeiter auszudehnen und welche Rolle Ihre Führungskultur dabei spielt. Und last but not least ein Erfahrungsbericht eines echten selbstbestimmten Unternehmers und Menschenfreunds.

Der Weg zum Kundenparadies

In diesem Kapitel dreht sich alles um die Menschen im und um das Unternehmen. Meine These lautet: Wenn Sie ein wirklich selbstbestimmtes Unternehmen führen wollen, müssen die Menschen für Sie immer im Zentrum stehen. Ich spreche hier natürlich von Ihren Kunden, auf die Sie sich konzentrieren sollen, aber nicht ausschließlich. Die Kunden sind die Menschen, *für* die Sie mit Ihrem Unternehmen arbeiten. Mindestens genauso wichtig jedoch sind Ihre Mitarbeiter, mit denen Sie *für und in* Ihrem Unternehmen arbeiten. Am meisten Erfolg haben Sie dann, wenn Ihr Unternehmen grundsätzlich als „Menschen-Magnet" funktioniert, wenn es Menschen also durch seine Strahlkraft und Attraktivität anzieht. Und zwar die richtigen Menschen: die Kunden, die zu Ihnen passen, und die Mitarbeiter, die zu Ihnen passen. Meine gute Nachricht für Sie ist: An dieser Strahl- und Anziehungskraft, an Ihrem individuellen „Unternehmens-Magnetismus", können Sie ganz gezielt arbeiten. Sie erreichen sie, wenn Sie Ihre Kunden wie Gäste und Ihre Mitarbeiter wie Menschen behandeln.

Das perfekte „homöopathische" Kundenerlebnis

Zunächst ein Blick auf Ihre Kunden: Wann wähnt sich ein Kunde im Paradies? Wenn er punktgenau fündig wird, also bei Produkten oder Leistungen, die sein Bedürfnis gezielt bedienen, wenn zusätzlich noch das ganze Drumherum stimmt: also Service, Atmosphäre, Präsentation, Wohlfühlfaktor etc. – und wenn die Kunden Ihr Warum kennen bzw. fühlen. Das grundlegende Prinzip der Idee vom „Kundenparadies" funktioniert und wirkt wie die Homöopathie:

- *Kundenparadies:* Für jeden Kunden wird sein individuelles Produkt jeweils nach seinen spezifischen Bedürfnissen ganz individuell zusammengestellt.

- *Homöopathie:* Für jeden Patienten wird sein individuelles Arzneimittel jeweils nach der Symptomähnlichkeit ganz individuell ausgewählt.

Da habe ich es in meiner Apotheke ausnahmsweise einmal ziemlich leicht, denn für meine Kunden kann ich dort eine Leistung (kombiniert mit einem Produkt) anbieten, die dieser „paradiesischen" Erfahrung sehr nahe kommt: Mit meiner homöopathischen Produktlinie biete ich für viele gesundheitszentrierte Bedürfnisse ganz individuell zusammengestellte Heilmittel. Die Auswahl des passenden Mittels erfolgt eben auf der Basis der „Symptomähnlichkeit". Der Kunde erzählt mir von seinem Leiden und seinem Bedürfnis, und ich berate ihn und suche auf der Basis seiner Schilderung das passende Mittel aus, das ihm helfen wird.

Es gibt aber eine wichtige, sozusagen eine „vorgeschaltete", Grundvoraussetzung dafür, dass eine solch „paradiesische" Erfahrung auch funktioniert – und diese Grundvoraussetzung wird von Unternehmen leider sehr oft vernachlässigt. Ich spreche von der Entwicklung von Vertrauen als Basis aller Beziehungen, auch der Geschäftsbeziehung. Wenn ein Kunde das Gefühl bekommt, dass er eine „Milchkuh" ist, dass Sie ihm als Unternehmer nur ans Portemonnaie wollen und dass alle Präsentation und alle Freundlichkeit, alles Eingehen auf sein Bedürfnis nur Mittel zum Zweck sind, dann entsteht kein Vertrauen. Die Kauferfahrung des Kunden wird alles andere als paradiesisch – sie wird flüchtig und oberflächlich. Und den Kunden sehen Sie danach oft nicht wieder.

Vertrauen als Basis aller Beziehungen

Wahrhaft „paradiesisch" fühlt sich der Kunde nur, wenn die Gewinnerzielung nicht die vorherrschende Absicht in der gemeinsamen Beziehung ist. Vertrauen bauen Sie nicht auf, indem Sie vorrangig etwas „verkaufen" möchten. Vertrauen bauen Sie auf, indem Sie Ihrem Kunden, auch ganz absichtslos, etwas Gutes tun: ihn beraten, ihn zum Schmunzeln oder zum Lachen bringen, ihm ein nützliches „Freebie" mitgeben, das ihn nichts kostet, vielleicht auch mal kurz vor Ladenschluss oder darüber hinaus für ihn da sind – diese Liste ließe sich endlos fortsetzen. Sie müssen etwas geben, bevor Sie etwas bekommen, das ist ganz einfach. Die berühmte Metapher vom „Beziehungskonto", auf das Sie einzahlen müssen, damit es einen Saldo zu Ihren Gunsten aufweist, stimmt in diesem Fall mehr denn je. Tun Sie das Richtige für Ihre Kunden, auch losgelöst von einer Verkaufsabsicht, und das Vertrauen wird sich einstellen. Sie werden zum „Kundenmagneten".

Dieses Bild vom „Unternehmens-Magnetismus", die Idee, dass das Unternehmen zum „Menschen-Magneten" werden muss, um erfolgreich zu sein, treibt mich schon länger um. Und so kam ich auf das, was ich schon ganz zu Anfang dieses Kapitels angedeutet habe: Ein echter Magnet hat zwei Pole, und so sollte Ihr Magnetismus sich eben nicht nur auf Ihre Kunden richten, sondern auch auf Ihre Mitarbeiter. Warum das unumgänglich ist und auch die Kundenbeziehung leidet, wenn Sie nicht dieses magnetische Vertrauen bei Ihren Mitarbeitern kreieren können, lesen Sie jetzt.

BEISPIEL **Warum nur glückliche Mitarbeiter Kunden ebenfalls glücklich machen können**

Die „Traube" in Tonbach im Schwarzwald ist Restaurant, Gourmet-Tempel und Luxushotel in einem. Somit ist eigentlich klar, dass der hundertprozentige Fokus auf den Gästen liegt – denn von ihrer Zufriedenheit, von ihren Bewertungen lebt das ganze Unternehmen, sollte man meinen. Dass das ein wenig zu kurz gedacht ist, musste Inhaber und Hotelier Heiner Finkbeiner erst in einer schmerzhaften, aber sehr lehrreichen Entwicklung am eigenen Leibe erfahren. Wenn er heute zurückblickt auf seine Anfangsjahre im Business, würde er eine solche, allein auf das Wohlbefinden der Gäste ausgerichtete Politik nicht mehr unterschreiben, geschweige denn in seinem Betrieb umsetzen.

Als Finkbeiner Anfang der 1980er-Jahre Chef der „Traube" wurde, war er voller Ideen und voller Tatendrang. Das große Ziel war es, in der internationalen Luxusklasse mitzuspielen, und der Fokus aller Maßnahmen lag auf dem Gast. Die Mitarbeiter arbeiteten viel und hart: Wenn an einem Mittag 250 Essen auf der Terrasse serviert werden mussten, fragte keiner danach, wie viele Stunden jeder einzelne Mitarbeiter schon im Einsatz war. „Branchenüblich" nennt man das heute, so viel ist richtig. Aber wenn die Branche durch extreme Arbeitsanforderungen ihren Reiz für junge Leute komplett verliert, der Nachwuchs deshalb ausbleibt, und die aktuellen Mitarbeiter ihren Stress in Richtung der Gäste ausstrahlen, stimmt etwas nicht. Dann wird klar, dass das komplexe System „Luxushotel" es sich nicht leisten kann, alles auf den Schultern seiner Angestellten auszutragen. Diese Erkenntnis war für Finkbeiner ein Prozess, aus dem er gestärkt hervorging.

Heute weiß der Chef der „Traube", dass vor allem zufriedene Mitarbeiter die Basis für den Erfolg seines Unternehmens sind, und er handelt entsprechend: Alle leitenden Mitarbeiter werden als Führungskräfte speziell geschult. Die Auszubildenden bekommen erfahrene „Paten" aus dem Team zur Seite gestellt, die ihnen helfen, sich im Betrieb und der Umgebung zu orientieren und ihren Weg zu finden. Es gibt ein modernes Wohnhaus für die Mitarbeiter mit allem Komfort, und wer dort nicht einziehen möchte, dem hilft die „Traube" bei der Wohnungssuche.

Mehr Wertschätzung für die Angestellten

Die nun gelebte Wertschätzung für die Mitarbeiter hat eine große Strahlkraft entwickelt, in der sich auch die Gäste des Luxusressorts sonnen. Denn die merken deutlich, dass die Mitarbeiter freundlich und motiviert sind, ganz stark auf sie eingehen und nicht nur Dienst nach Vorschrift machen. Unternehmerisch betrachtet sind die noch größere Zufriedenheit der Gäste und die inzwischen minimale Mitarbeiterfluktuation natürlich äußerst erfreuliche Entwicklungen. Und Heiner Finkbeiner ist darüber hinaus sehr dankbar für seinen großen unternehmerischen Lernprozess: „Die Traubianer, die seit 10, 20 oder 30 Jahren im Betrieb sind, sind unser Stolz. Das ist die DNA unseres Unternehmens, das wichtigste Element für ein perfektes Serviceerlebnis unserer Gäste. Für mich war die Einsicht, dass ich Verantwortung für die Mitarbeiter übernehmen muss, der größte Lernprozess als Unternehmer" (Hetzer, 2016).

Bruno berichtet

Mein Boss hat ein sehr gutes Verhältnis zu seinen Mitarbeitern.
Der Umgang in unserer Central-Apotheke ist locker. Und alle strahlen das auch nach außen, zu den Kunden hin, aus. Entspannt möchten die Menschen in unserer Apotheke einkaufen, und darum nehmen wir uns stets viel Zeit für die Beratung. Jan Reuter sagt immer, dass es einen Unterschied macht, ob ein Medikament mit Empathie übergeben oder „einfach nur so verkauft" wird.

- -

Kundenbegeisterung beginnt bei den Mitarbeitern

Das Beispiel der „Traube" führt es uns plastisch vor Augen: Dass ein Kunde Vertrauen zu Ihrem Unternehmen entwickelt, ist eine Entwicklung und eine Erfahrung, die ich gerne als „ganzheitlich" bezeichne. Denn ein Rädchen der Beziehungskultur im Unternehmen greift ins andere, nichts steht für sich allein während der Kundenerfahrung, ein Bereich strahlt dabei in den anderen hinein – oder raubt ihm alle Energie, je nach Situation. Die Antennen der Kunden sind fein; bloße Makulatur oder Gesichtskosmetik fliegen sofort auf, weil die Kommunikation in solch einer sensiblen Zone nonverbal und blitzschnell funktioniert: ein Verziehen der Mundwinkel, ein Heben der Augenbrauen, ein genervter Seitenblick oder ein verirrtes Molekül eines Stresshormons, ausgesandt von einem Mitarbeiter, Berater oder Verkäufer, das den passenden Rezeptor in der Kundennase trifft – und die Illusion zerplatzt wie eine Seifenblase. Präsentation und Produkte mögen stimmen, aber wenn die „Vibes", die die Mitarbeiter aussenden, von Stress, Druck und Unzufriedenheit sprechen, entsteht kein Vertrauen. Da helfen alle Floskeln und alles antrainierte Schönwetter-Gerede nicht weiter.

Dabei gibt es gerade im Mittelstand, wo es möglich ist, flache Hierarchien und kurze Wege zu pflegen, so viel Raum für eine gute Führungskultur, die entspannte und produktive Mitarbeiter hervorbringt. Damit meine ich Führung auf Augenhöhe, partnerschaftlich geprägte Führung, in der ich mich als Führungskraft um meine Partner, egal auf welcher Hierarchiestufe sie stehen mögen, genauso intensiv kümmere wie um mich selbst; in der ich meinen Mitarbeitern absolut vertraue und sie mir auch absolut vertrauen können. Wenn ich das hinbekomme, bin ich eine gute Führungskraft, und das Team wird stabil und harmonisch zusammenstehen.

Vertrauen entsteht auf Augenhöhe

Die viel beschworenen Gefahren von außen (Inflation, Rezession, Preiskampf, Wettbewerb, Globalisierung) lauern sowieso immer und überall – das ist das Leben (oder das Business) und lässt sich nicht ändern. Genau darum muss man als Unternehmen von innen stark sein und nicht dort noch eine zusätzliche „Kampfzone" eröffnen. Simon Sinek bringt das sehr schön auf den Punkt: „Es gibt genug Gefahren, die aus der Außenwelt kommen. Es hat keinen Wert, eine Organisation aufzubauen, die Gefahrenherde auch im Inneren nährt" (Sinek, 2013, S.18).

Gute Führungskräfte geben also den Weg vor und machen klare Ansagen, jedoch all das wertschätzend und auf Augenhöhe. Sie sind weisungsbefugt, aber einer „von uns" – aus der Sicht der Mitarbeiter. Die „gute" Führungskraft setzt einen harmonischen Ton im Unternehmen. Sei es, dass sie das Gespräch mit Mitarbeitern auch mal zwanglos sucht, etwa in der Cafeteria, oder dass sie aktiv täglich den Kontakt mit ihren Mitarbeitern bei einer Runde durch die Abteilung pflegt. Eine eher kontrollierende Führungskraft dagegen hat kein Interesse an einer „Fraternisierung" mit ihren Mitarbeitern. Stattdessen nimmt sie womöglich den Privataufzug, um in ihr Büro zu kommen, oder weist ihre Mitarbeiter an, sie auf dem Flur nicht anzusprechen und ihr aus dem Weg zu gehen (Sinek, 2013, S. 139).

Vertrauen gibt es nicht auf Rezept

So ein Verhalten ist natürlich gar nicht förderlich, denn nur mit den „guten" Führungskräften kann es das so wichtige Vertrauen überhaupt geben. Sie können Ihren Mitarbeitern nicht „verordnen", dass sie Ihnen vertrauen sollen. Sie können sie nicht zwingen, mit ihren Ideen herauszurücken. Und Sie können sie nicht zur Kooperation verdonnern. Wenn das alles so ist, wenn Sie es hinkriegen und ein gutes Feedback sowie das Vertrauen von Ihren Mitarbeitern bekommen, dann sind das Resultate – und zwar die Resultate Ihrer guten Führung, die Resultate dessen, dass sich die Mitarbeiter unter Ihrer Obhut sicher fühlen sowie Ihnen (und sich untereinander) vertrauen (Sinek, 2013, S. 24).

Ein Unternehmen ist ein soziales Gefüge, und als „soziale Tiere" reagieren wir Menschen auf die Rahmenbedingungen, unter denen wir leben und arbeiten. Viel zu viele Führungskräfte managen Unternehmen und Organisationen auf spürbare Weise schlecht: Wenn ein „kleiner Tyrann" eine Abteilung übernimmt, dann geht die Performance den Bach herunter, die Gesundheit der Mitarbeiter wird angegriffen (gefühlt oder real – egal, denn der Krankenstand steigt), und letztendlich trifft diese Entwicklung den Geldbeutel des Unternehmens, weil der Umsatz zwangsläufig sinken wird. Und noch ein Punkt ist hier wichtig: Eine „gute" Führungskraft profitiert selbst auch sehr stark davon, wenn sie ihren Mitarbeitern die perfekten Rahmenbedingungen schafft, um deren beste Leistung abzurufen. Denn: Es ist nicht das „Genie" an der Spitze, das unbedingt durch seine Anweisungen die Leute groß macht. Es sind vielmehr große und befähigte Mitarbeiter, die die Figur an der Spitze wie ein Genie aussehen lassen (und nebenbei deren Karriere fördern) (Sinek, 2013, S. 18). Coaches schießen die Tore nicht selbst. Sie leben durch die Tore ihrer Mannschaft.

Ich vertrete die Ansicht, dass es nicht unbedingt die Natur der Arbeit oder die Anzahl der Arbeitsstunden ist, die unseren Stresslevel im Job grundlegend beeinflusst. Ich sehe es wie Sinek: Wir gehen an unserem Arbeitsplatz eine Art von sozialem Vertrag ein, dessen zentrale Vereinbarung bedient sein will. Wir wollen uns wohl und sicher fühlen, und wir wollen, dass auf eine gewisse Art für uns gesorgt wird, wenn wir dem Unternehmen unsere Arbeitskraft zur Verfügung stellen (und damit meine ich nicht nur regelmäßige und ausreichend hohe Gehälter). Das alles mag noch aus der Zeit stammen, als der Säbelzahntiger vor unseren Höhlen lauerte, aber dieser Vertrag hat heute noch immer Gültigkeit, weil er so tief in uns Menschen verankert ist: Wir erwarten von unseren Anführern Schutz. Führungskräfte und Chefs müssen das Wohlergehen ihrer Mitarbeiter immer im Auge haben. Sonst haben wir Stress, und dann geht die Performance zum Teufel (Sinek, 2013, S. 60).

Das ist so, weil es dabei einen grundlegenden körperlichen Zusammenhang gibt, der Tatsachen schafft: Unter Stress und dem Gefühl der Schutzlosigkeit und des Ausgeliefertseins läuft unser Hormongleichgewicht aus dem Ruder: Was wir brauchen, um einen richtig guten Job zu machen, sind die Neurotransmitter Serotonin und Oxytocin. *Serotonin* wird ausgeschüttet, wenn wir wahrnehmen, dass andere uns respektieren. Es lässt uns stark und zuversichtlich fühlen, so als ob uns alles gelingen kann (was es dann oft auch tut). *Oxytocin* wird gebildet, wenn wir Freundschaft, Liebe oder tiefes Vertrauen spüren. Etwa bei dem Gefühl, dass in unserer Firma unsere engsten Freunde und die uns am meisten vertrauten Kollegen sitzen. Oder wenn wir etwas Gutes für jemand anderen tun oder jemand anderes etwas Gutes für uns tut. Unter dem Einfluss dieser Hormone fällt es uns leicht, auf unsere Arbeit stolz zu sein. Oxytocin baut sogar vorhandenen Stress ab, vermehrt unser Interesse an der Arbeit und verbessert unsere kognitiven Fähigkeiten, weil es uns Probleme mit mehr Leichtigkeit lösen lässt (Sinek, 2013, S. 47 – 49, 60).

Die Kraft der Neurotransmitter

Leider ist es aber so, dass wir sehr oft nicht unter dem Einfluss dieser beiden wunderbaren Neurotransmitter arbeiten, sondern unter dem Einfluss von Cortisol. Dieser in der Säbelzahntigerzeit sehr nützliche Stoff, der mit verantwortlich ist für unseren Kampf- oder Fluchtreflex, hat negative Auswirkungen, wenn er konstant in einem erhöhten Spiegel im Körper vorliegt. Und wenn wir im Job Angst um unser Wohlergehen oder generelle Gefühle von Angst, Unbehagen oder Stress haben, dann kommt das Cortisol zum (Dauer-)Einsatz. Das wiederum schickt uns in eine Negativschleife: Der hohe Cortisolspiegel vermehrt die Aggression und ruft besagten „Kampf- oder Fluchtreflex" auf, der im Job, mit Kollegen und mit Chefs die Atmosphäre vergiftet. Und wenn wir uns nicht unterstützt fühlen, was sehr häufig vorkommt, wenn die Führung nicht stimmt, fühlen wir als „soziale Tiere" diesen Stress intensiv. Wir sind im Alarm-Modus, und das verhindert zusätzlich noch die Ausschüttung von Oxytocin. Viel Cortisol, kein Oxytocin, also keine Entspannung oder Entwarnung mehr weit und breit. Wir fühlen uns gestresst, unwohl und unser Immunsystem leidet auf die Dauer darunter (Sinek, 2013, S. 55ff.).

So viel zur Seite der Mitarbeiter. Natürlich agiert auch der Leader, die Führungskraft, unter dem Einfluss bestimmter Hormone: Fühlt er sich sicher, wohl und ist eine stabile Persönlichkeit, so schöpft er Kraft aus seinen Beziehungen und dem Vertrauen, das er gibt, und dem, das er bekommt. Serotonin und Oxytocin dominieren dann sein System und helfen ihm dabei, sich um die Menschen zu kümmern, die ihm folgen, und die so wichtigen Bande des Vertrauens zu knüpfen. Beide Hormone helfen uns nämlich dabei, derartig starke Beziehungen zu knüpfen, dass wir Entscheidungen im kompletten Vertrauen treffen und alle in der Folge füreinander einstehen.

Erfolg ohne Bindungen führt zu innerer Leere Außerdem gibt es noch *Dopamin*. Wenn Dopamin unser Primärtreiber ist, haben wir sehr viel Power und können viel erreichen, fühlen uns aber oft einsam und unerfüllt, egal wie reich oder kraftvoll wir sind. Uns fehlen nämlich dann die wirklich starken „Bindungshormone" Serotonin und Oxytocin. Wir leben „auf Dopamin" von schnellen Treffern, kurzfristigen Erfolgen und sind immer auf der Suche nach dem nächsten Kick, damit wir die hinter den äußeren Erfolgen liegende „Leere" nicht spüren. Dopamin hilft uns nämlich trotz aller Unterstützung bei der Zielerreichung nicht dabei, Dauerhaftes zu erschaffen oder glückliche, vertrauensvolle Beziehungen zu führen (Sinek, 2013, S. 70f.).

Ich sage das deswegen so deutlich, weil viele Führungspersönlichkeiten Dopamin-getrieben sind, und sehr viele Unternehmen auf der Basis einer cortisolreichen, unsicheren Kultur agieren. Es gibt viele überbezahlte „Höher-schneller-weiter"-Führungskräfte und Manager, die das Geld und die Vorteile ihres Jobs mitnehmen, aber ihre Leute nicht schützen. In einigen Fällen opfern sie ihre Leute sogar, um ihre eigenen Interessen durchzusetzen. Wahre Führerschaft heißt aber, anderen zu dienen, nicht, sie einzuschüchtern, im Stich zu lassen und nur sein eigenes Erfolgssüppchen zu kochen. Und sie ist auch unabhängig vom formalen Rang: Es gibt Leute mit Autorität, die Führungskräfte sind, und es gibt Leute auf den unteren Hierarchiestufen, die ebenfalls auf ihre Art Führungspersönlichkeiten sind. Es ist okay, wenn Führungskräfte die Vorteile nutzen, die ihnen gewährt werden, aber sie müssen bereit sein, diese Vorteile aufzugeben, wenn es darauf ankommt. Denn je mehr Aufmerksamkeit Führungskräfte auf ihren eigenen Reichtum oder ihre Macht legen, desto mehr handeln sie wie Tyrannen.

Wahre Führerschaft kennt keinen Rang

Es gibt ein Beispiel für eine Tradition in einer bestimmten Organisation, die genau diesen Zusammenhang in der Realität eins zu eins abbildet: Mein Autorenkollege Matthew Mockridge hat ihn in seinem Buch verarbeitet, und ich möchte ihn hier aufgreifen (Mockridge 2016, S. 241ff.).

Echte Leader bedienen sich zuletzt

Die Organisation, die ich hier meine, ist das US-Militär. Verstehen Sie mich bitte richtig, ich bin weder Militarist noch ein Fan von Waffen oder der Armee generell. Aber wie überall, gibt es auch dort gute Aspekte; so eben diese Tradition, dass in der US-Armee die Jüngsten zuerst essen, und die Obersten, die Offiziere und Verantwortlichen zuletzt. Der Hintergrund ist natürlich der, dass der Leader zurücksteht, wenn es um das elementare Bedürfnis „essen" geht. Er „opfert" sich an dieser Stelle symbolisch für die Mannschaft auf, damit sie später im Feld für ihn und die Sache alles gibt. Der Leader geht mit gutem Beispiel voran. Er lebt also selbst das vor, was er von seiner Mannschaft verlangt.

Würde ein Offizier sich beim Essen zuerst bedienen, wäre klar, dass er den Vorteil für sich sucht. Der Leader aber, der zuletzt isst, strahlt Vertrauen, Ehrlichkeit, Treue, Empathie und Fürsorge für seine Leute aus. Und wenn diese Emotionen im Team und in der Mannschaft ankommen, reagieren die Menschen dort mit derselben Emotion. Menschen reagieren ehrlich auf Ehrlichkeit, Menschen reagieren manipulativ auf Manipulation. Das ist ein wie Naturgesetz; unsere „Spiegelneuronen" können wir nicht so leicht austricksen.

Das lässt sich natürlich direkt aufs Business übertragen: Unternehmen sind keine Selbstbedienungsläden für Inhaber oder Manager! Sie müssen erst etwas geben, bevor sie die Leistung der Mitarbeiter einfordern können. Es geht dabei um das große Ganze mit den Menschen zusammen: um das „We! Not me.", wie Muhammad Ali es so treffend formuliert hat.

In diesen Kontext passt ein weiteres Beispiel, das dieses „Führen heißt Vorleben" (das stammt übrigens von meinem Speaker-Kollegen Boris Grundl) aus dem Militär nun im Unternehmenskontext schön illustriert:

Führen heißt vorleben – der bescheidene „Modezar" Amancio Ortega

Der reichste Mann Europas ist ein Spanier – und ein Selfmademan. Ausgerechnet in der extrovertierten Modeszene wurde der kamera- und öffentlichkeitsscheue Amancio Ortega mit seinem Modereich „Inditex" zum Multimilliardär. Nach Einschätzung des US-Magazins „Forbes" ist Ortega der reichste Europäer und der zweitreichste Mann der Welt, hinter Microsoft-Mitbegründer Bill Gates. Das Blatt schätzt das Vermögen des Spaniers auf 67 Milliarden Dollar (59 Milliarden Euro). Ortega ist bescheiden und wirkte von je her hinter den Kulissen: Gefühlt hat er Inditex binnen weniger Jahrzehnte fast aus dem Nichts zu einem der weltweit größten Textilkonzerne gemacht.

Dabei ist seine Bodenhaftung legendär. Das mag mit seinem Werdegang ebenso wie mit seiner Persönlichkeit zu tun haben: Ortega ist ein Eisenbahnersohn, der während seiner Ausbildung nie eine Universität von innen gesehen hat. Er begann seine Karriere ganz praktisch mit 14 Jahren als Bote eines Hemdengeschäfts in der galizischen Hafenstadt La Coruña. Und dort eröffnete er 1975 auch seinen ersten Kleiderladen mit dem wegweisenden Namen „Zara", den heute in fast ganz Europa jeder kennt. Danach expandierte er, und schon bald folgten Filialen in anderen spanischen Städten sowie ab 1988 dann im Ausland. Ortegas Modeimperium hat heute mehr als 7.000 Läden in aller Welt und beschäftigt 150.000 Mitarbeiter. Neben Zara gehören auch Ketten wie Oysho oder Massimo Dutti zum Inditex-Konzern.

Trotz seines Milliardenvermögens blieb Ortega seinem einfachen Stil immer treu: Er trägt grundsätzlich weder Anzug noch Krawatte. Seine Hobbys sind Fußball und Pferderennen – dabei mischt er sich unters Volk und kann einfach glücklich sein. Und als er noch aktiv die Inditex-Gruppe leitete, holte er sich wie alle anderen sein Mittagessen in der Kantine des Unternehmens in der verschlafenen Kleinstadt Arteixo (nahe bei seinen Wurzeln in La Coruña). Während nämlich Ortegas Modereich sich über die ganze Welt ausbreitete, blieb der Gründer mit seiner Firmenzentrale der Heimat im regenreichen Nordwesten Spaniens treu. Luxus und Prunk

Die Bescheidenheit des Chefs hat Strahlkraft

sind Ortega zuwider. Alle Führungskräfte und Manager seines Konzerns schwor er auf diese Politik ein und hielt sie dazu an, bei Dienstreisen Touristenklasse zu fliegen und in preisgünstigen Hotels zu übernachten. Das funktionierte immer prächtig. Warum? Weil er ebenfalls in aller Einfachheit lebt und immer authentisch er selbst geblieben ist. Wiederum wirkt hier eine Energie, die ohne Worte funktioniert: Ortega verlangt nichts von seinen Mitarbeitern, was er nicht selbst genauso machen würde.

Fokus auf: Was will meine Zielgruppe?

Bei Zara und Co. gibt es aber noch einen weiteren wichtigen Punkt, der zentral für den Erfolg ist, und den wir in Kapitel 4 noch näher betrachten werden. Ich greife hier kurz vor, um Sie auf den Geschmack zu bringen: Inditex bedient einen ganz wichtigen Engpass bei seiner Zielgruppe. Das grundlegende Erfolgsgeheimnis ist nicht hundertprozentig erklärbar, aber ein überaus wichtiger Pfeiler von Ortegas Strategie bestand immer darin, alle Schritte im Produktionsprozess der Modebranche, also Design, Herstellung, Vertrieb und Verkauf, unter einem Konzerndach zu vereinen. Und genau das gibt Inditex diese unglaubliche Flexibilität und Geschwindigkeit, mit der der Konzern die Vorlieben der Kunden rasend schnell aufgreift und die ersehnten Kleidungsstücke dann sehr schnell in allen Filialen auf der Welt anbietet. Also: Alle Kunden von Ortega sind jederzeit und immer ganz schnell schick nach den allerneuesten Trends – und das zu bezahlbaren Preisen. Ein enorm starker Wettbewerbsvorteil in der schnelllebigen Modewelt, in der jede modebewusste Kundin die erste auf der Straße mit den neusten Entwürfen frisch aus Paris oder New York sein will (Welt.de / dpa, 2016).

Als Fazit zum Thema „Führungs- und Unternehmenskultur" können Sie sich für Ihr selbstbestimmtes Unternehmen merken: In einer starken Firmenkultur fühlen sich die Mitarbeiter in der Firma beschützt von ihren Chefs und sie fühlen, dass die Kollegen ihnen den Rücken stärken – mit allen positiven Folgen und aller daraus entstehenden Strahlkraft. In einer schwachen Firmenkultur dagegen fühlen die Mitarbeiter, dass sie allein dastehen und ganz stark für sich selber sorgen müssen: Die Folgen sind Stress und Unzufriedenheit.

Besonders wichtig ist jetzt der Rückbezug zu unserem „Unternehmens-Magnetismus": Kunden werden niemals eine Firma lieben, wenn nicht zuerst die Mitarbeiter die Firma lieben und das in alle Richtungen ausstrahlen. Und Mitarbeiter lieben ihr Unternehmen nur, wenn sie fühlen, dass ihre Chefs für sie arbeiten, sie schützen und für sie sorgen. Um noch einmal die „Säbelzahntiger-Metapher" zu bemühen: Ich würde unterschreiben, dass Kunden es „wittern", wie die Stimmung im Unternehmen ist. Das ist sogar sehr wahrscheinlich: Stichwort „non-verbale Kommunikation", wie oben beschrieben, und Stichwort „Neurotransmitter" – all diese wichtigen Signale laufen unter der „zivilisierten" und optisch sichtbaren Oberfläche ab, docken sofort beim Kunden an und können nicht auf „unredliche" Weise beeinflusst werden. Schummeln und eine schicke Fassade sind hier verschwendete Energie.

An Ende dieses umfangreichen Teilkapitels über die Führung lade ich Sie zu einer Reflexion zum Thema „Vertrauen" ein. Ich habe in einer kleinen Liste ein paar Impulse zusammengetragen, die Sie für sich als kleine Denkanstöße nutzen können.

- -

Wichtige Gedanken zum Thema „Vertrauen"

■ Vertrauen ist für Unternehmen wie eine Art „Schmiermittel". Es reduziert unnötige Reibung und schafft Bedingungen, die der Performance insgesamt förderlich sind. Wie ist es um das Vertrauen in Ihrem Unternehmen bestellt?

■ Vertrauen hat nichts damit zu tun, immer gleicher Meinung sein zu müssen. Es entsteht vielmehr durch Integrität. Und Integrität bedeutet, nicht nur offen und ehrlich zu sein, wenn wir anderen zustimmen. Integrität bedeutet auch, ehrlich zu sein, wenn wir anderen Menschen nicht zustimmen oder – noch wichtiger – wenn wir Fehler gemacht haben (Sinek, 2013,

S. 66, 151). Vertrauen aufzubauen verlangt also vor allem, die Wahrheit zu sagen.

- Wir können nicht einem Regelwerk oder gar Technologien „vertrauen". Wir können uns vielleicht auf sie verlassen, aber „vertrauen" können wir nur Menschen.

- Ohne Vertrauen kommen die größten Gefahren und Bedrohungen für ein Unternehmen oder eine Organisation immer von innen. Denken Sie an Diktaturen, die meist vom eigenen Militär wieder „weggeputscht" werden, wenn der Druck von innen zu groß wird.

Vom Kunden her denken

Kunden abholen, wo sie stehen

Vertrauensvolle und gut geführte Mitarbeiter strahlen von innen, fühlen sich wohl und sind am richtigen Platz. Glücklicherweise ist dieses Gefühl „ansteckend" und springt fast automatisch über jeden „Tresen" und jede „Ladentheke" auf die Kunden über. Der Magnetismus tut seine Wirkung. Gar kein Wunder, denn die gut gelaunten Mitarbeiter haben ja auch genug Power, um nicht nur ihre guten „Vibes" auszustrahlen (das passiert wie von selbst), sondern die Kunden auch jeweils genau da abzuholen, wo sie gerade stehen.

Sie sind offen, sie versuchen, den Kunden und sein Bedürfnis zu verstehen, sie zeigen echtes Interesse und versetzen sich in seine Lage. Sie haben die Ressourcen dafür, das ist das Entscheidende! Denn sie sind nicht mit sich und einer eventuellen Unzufriedenheit oder Stresssituation beschäftigt, und ihr Ego hat es auch nicht nötig, großartige Selbstdarstellung zu betreiben, um sich in den Vordergrund zu spielen – darum können sie alle gute Energie auf den Kunden lenken. Sie stellen clevere

Fragen und richten sich dabei ganz auf die emotionale Wellenlänge des Kunden aus, weil sie die Offenheit dafür und die Kraft dazu haben.

Mein Referentenkollege Stephan Heinrich stellt genau zu diesem Thema in seinem Buch „Gute Geschäfte" ein paar sehr spannende, praktische Überlegungen an: Es kommt nämlich nicht nur auf die Ressourcen an, die der einzelne Mitarbeiter zur Verfügung hat und für den Kunden nutzt, sondern auch auf seine „Awareness", seine Achtsamkeit – also darauf, in welche Richtung er seine Kräfte schickt und wie er sie einsetzt. Es ist schon zutiefst verwunderlich, wie oft in geschäftlichen Gesprächen die reine Selbstdarstellung im Vordergrund steht. Folienpräsentationen und Prospekte preisen die eigenen Vorzüge an, Verkäufer und Berater halten Monologe zu Produkten und Dienstleistungen, Websites sind wahre Sümpfe des Eigenlobs, in denen der mutige Surfer vor lauter Langeweile versinkt. Wie können Sie es besser machen? Ganz einfach: Interessieren Sie sich für den anderen, statt sich selbst zu präsentieren.

Auch das ist eine Kunst, die gelernt sein will. Der Schlüssel zu dieser Fertigkeit ist es, auf interessierte und interessante Weise die richtigen Fragen zu stellen. Wie das geht? Dazu nun ein paar Tipps in einer kleinen Impulsliste.

Wer nicht fragt, bleibt dumm ...

■ **Bringen Sie mit Ihren Fragen echtes Interesse zum Ausdruck.** Natürlich, ohne aufdringlich zu wirken. Nehmen wir an, Sie sind auf einer Veranstaltung, um zu akquirieren und Kontakte zu knüpfen. Fragen Sie also nicht „Wo wohnen Sie?" oder „Wann waren Sie zuletzt bei so einer Veranstaltung?", als ob es sich um ein Verhör handelt. Besser sind Fragen, die die Interessen des Gegenübers vorsichtig abklopfen und sondieren, und deren Antworten Ihnen dann einen weiteren Anknüp-fungspunkt zur Fortsetzung des Gesprächs bieten. Etwa: „Was interessiert Sie am meisten an der heutigen Agenda?". Oder: „Was war Ihre wertvollste Erkenntnis aus den bisherigen Vorträgen?"

- **Nutzen Sie spannende Formulierungen.** Spannend sind Ihre Fragen für Ihr Gegenüber dann, wenn Sie versuchen, sei-ne oder ihre Perspektive einzunehmen. Was denkt er oder sie gerade? Was hat er oder sie gerade erlebt? Wiederum ein Beispiel für die Ansprache auf einer Veranstaltung – etwa in der Pause. Wie könnten Sie einen Bezug zum letzten Pro-grammpunkt herstellen? Zum Beispiel so: „Der letzte Vortrag hat mich überrascht. Was denken Sie?" Oder Sie nutzen das Büffet als Anknüpfungspunkt: „Ich sehe, Sie haben sich für den Fisch entschieden. Wie finden Sie ihn?"

Offene Fragen
- Diese Sorten von Fragen sind **offene Fragen** – ebenfalls eine wichtige Qualität von „richtigen" Fragen. Die Antworten Ihres Gegenübers müssen also auf jeden Fall über ein Ja oder ein Nein hinausgehen und halten so das Gespräch am Leben.

- **Flirten Sie – im übertragenen Sinne.** Das ist wie ein Spiel, Sie müssen offen bleiben, weil niemand vorhersagen kann, was genau passieren wird und wie das Gespräch verläuft. Sie kön-nen nicht ernsthaft den Ablauf der Unterhaltung planen und dann diesen Plan schrittweise umsetzen, also: Reiten Sie die Welle und bleiben Sie flexibel und spielerisch.

- **Lockern Sie Ihre innere Einstellung:** Tragen Sie ein echtes Lächeln auf Ihrem Gesicht und den Erfolg im Hinterkopf, aber ohne ihn zu erwarten, zu erzwingen oder sich bei Misserfolg aus der Ruhe bringen zu lassen – das ist die Einstellung er-folgreicher Akquisiteure.

■ Beantworten Sie schließlich Ihrerseits eine Frage, nämlich die, die den potenziellen Kunden am meisten interessiert: „Was ist drin für mich?". Das dürfte die Fragestellung sein, die seinen zentralen Gedanken treffend auf den Punkt bringt. Überlegen Sie sich also, wie Sie die Informationen dazu so rüberbringen, dass es für Ihr Gegenüber interessant und relevant ist, auf subtile Weise natürlich. Vielleicht müssen Sie die Frage auch zwischen den Zeilen heraushören, wenn Ihr Gegenüber sie nicht explizit stellt. (Heinrich, 2014, S. 60ff.)

Jetzt sind Sie im Gespräch, haben Interesse signalisiert und wichtige Informationen sowie einen ersten Eindruck gesammelt. Was können Sie noch tun? Zum Beispiel im Gespräch einen sinnvollen Nutzen aus der Sicht Ihres Kunden anteasern. Das fällt besonders leicht, wenn Sie bereits ein Gefühl dafür entwickeln konnten, wo die Reise im Kopf des Kunden hingehen soll, also welche Art von Nutzen für ihn oder sie relevant sein könnte. Sie sollten dazu immer ein paar Pfeile im Köcher haben in der Kategorie „Wertschöpfung für den Kunden": Was können Sie ihm bieten, um „magnetisch" zu werden? Niedrigere Kosten bei der Beschaffung, weniger Fehler oder Ausschuss beim Produkt, etwas, das ihm neue Kunden oder mehr Aufträge bei bestehenden Kunden bringt, eine Optimierung der Logistik, eine Reduzierung des Kapitaleinsatzes, eine Minimierung des Risikos – der Möglichkeiten sind hier Legion (Heinrich, 2014, S. 64f.).

Das Signal muss sein: *Ich denke aus Deiner Perspektive! Ich kann mich in Dich hineinversetzen und ich verstehe Dich und Deine Bedürfnisse!* Ein anderer geschätzter Kollege von mir, Thilo Baum, beschreibt genau dazu in seinem Blog (Baum, 2012) ein schönes Anti-Beispiel: „Der Mineralölkonzern Shell nennt eine Dieselsorte ‚Fuel Save Diesel' und eine andere ‚V-Power Diesel'. Das Management scheint davon auszugehen, der Kunde wisse, was

Denken, das vom Kunden ausgeht

gemeint sei – ein typisches Beispiel für ein Denken, das vom Unternehmen ausgeht statt vom Kunden." Das ist vom Produkt her gedacht, mit beeindruckenden Anglizismen, die wohl „Performance" signalisieren sollen – knapp daneben ist aber auch vorbei!

Wenn Sie sich von Anfang an in Ihre potenziellen Kunden hineinversetzen und dabei wirklich ins Detail gehen (Wie sehen sie aus, wo gehen sie einkaufen, wie alt sind sie, was berührt sie, was sind ihre Probleme, wovor haben sie Angst, was brauchen sie wirklich?), passiert Ihnen das nie mehr. Alles – Marketing, Ideenentwicklung und Strategien – ist grundsätzlich viel leichtgängiger und effektiver, wenn Sie nicht mit dem Produkt, sondern mit dem Kunden anfangen. Wenn das Produkt am Anfang steht, muss es dem Kunden mit viel Aufwand quasi „aufgedrückt" werden. Wenn aber der Kunde am Anfang steht, müssen Sie ihm nichts aufzwingen: Der Kunde wird Ihr Produkt ganz von selbst mögen, weil die Gedanken darüber, was er wirklich braucht, der Entwicklung und der Vermarktung des Produktes vorgeschaltet waren (Mockridge, 2016, S. 95).

Bruno berichtet

Jan Reuters Maxime lautet: „Menschen hassen es, etwas verkauft zu bekommen. Aber sie lieben es, wenn sie einkaufen dürfen." Deswegen hat er in seiner Apotheke natürlich auch versucht, vom Kunden her zu denken: Wie ist es, wenn man krank ist oder Beschwerden hat und dann in so eine sterile, weiße oder strenge Umgebung kommt? Dann fühlt man sich doch gleich noch viel kränker, oder? Deswegen sieht unsere Apotheke auch optisch schon ganz anders aus – wir haben ein anderes Ladenkonzept: Locker, farblich angenehm – sieht nicht so „streng" nach Apotheke aus. Unsere Mitarbeiter tragen keine hochgeschlossenen, weißen Kittel. Die Atmosphäre ist „einladend", und jeder spürt, dass es nicht hauptsächlich darum geht, Produkte zur Schau zu stellen, sondern darum, dass der Besucher mit den Mitarbeitern ins Gespräch kommt und seine Bedürfnisse ausdrücken kann. Und wir nennen uns auch anders: Wir sind der „Gesundheitstreff Nr.1" in Walldürn!

Fazit

Ihr magnetisches Unternehmen hat zwei Pole, die beide auf die richtigen Menschen wirken: Der eine zieht durch die gute Führungskultur die guten Mitarbeiter an (und bindet sie im Idealfall), und der andere zieht mithilfe der guten Mitarbeiter (und ihrer „Kundendenke") die richtigen Kunden an. Und wenn sie dann eine paradiesische Erfahrung mit Ihnen gemacht haben, kommen sie garantiert wieder!

Der Mensch als Dreh- und Angelpunkt: Interview mit Gero Altmann

Meinen Freund und Kollegen Gero Altmann kann man wohl mit Fug und Recht als einen „Tausendsassa" der Apothekerzunft bezeichnen: Er ist Unternehmer, Individual-Apotheker wie ich, Heilpraktiker und erfolgreicher Buchautor. Darüber hinaus hält er Vorträge und hat sich auf die Fahne geschrieben, das oft sehr stark am Geld orientierte Referentenbusiness zu „vermenschlichen". Gero Altmann hat ein ganz starkes Warum. Bei allem, was er tut, stehen der Mensch und manchmal auch das Tier, also die lebendigen Wesen mit ihren Bedürfnissen, Antrieben und Befindlichkeiten, im Mittelpunkt (www.gero-altmann.de, www.kreuzapotheke.de).

Reuter: Warum ist es für Dich und Deine Frau so wichtig, Euch von der breiten Masse der Apotheken abzusetzen?

Altmann: Weil ich in eine Apothekerfamilie hineingeboren wurde, habe ich mir diese Frage so eigentlich nie gestellt. Ich hatte die ganze Zeit meinen Vater als Vorbild vor Augen, und wir haben uns immer schon als Individuen verstanden, mit einem individuellen Geschäft. Eine Apotheke zu haben, ohne Filiale zu sein, ohne einer Kette anzugehören, finde ich für mich darum auch weiterhin sehr wichtig. Wir sind genauso einzigartig wie unsere Kunden und bieten eine ganz individuelle Beratung für ganz individuelle Kundenbelange, darum passt das gut zusammen. Für mich und meine Frau Karoline ist es aber darüber hinaus noch wichtig, heutzutage die Vernetzungsmöglichkeiten durch die Digitalisierung nicht „außen vor" zu lassen, und mithilfe des Internets eine Präsenz zu zeigen, die weit über die Peripherie Recklinghausens, wo unsere Apotheke liegt, hinausgeht. Diese Sichtbarkeit haben wir seit Jahrzehnten immer mehr ausgebaut und schon seit 1999 erfolgreich um das Internet erweitert. Deswegen sind wir so stark am Markt. Und wir haben während dieser Zeit auch allen Versprechungen und Angeboten, uns irgendwo anzuschließen oder einzubringen, widerstanden. Das ist meine Grundeinstellung; man könnte sie als „genetische Programmierung auf Individualapotheke" bezeichnen.

Reuter: Das gefällt mir natürlich gut! Gibt es denn ein paar Beispiele für Versprechungen, die Ihr abgelehnt habt? Die vielleicht auch nicht ganz seriös waren?

Altmann: Versprechungen, nein, das müssen wir anders formulieren. Das waren mehr düstere Prophezeiungen in der Form: „Wenn Ihr das und das nicht tut, dann ..." Davon habe ich mich immer distanziert und auch nicht verrückt machen lassen. Schwieriger fand ich das allerdings, ruhig zu blieben, wenn befreundete Kollegen auf mich zukamen und wieder einmal die eine oder andere Hiobsbotschaft im Gepäck hatten, nach dem Motto: „Hast du dieses oder jenes gelesen, wenn das durchkommt, dann können wir unsere Apotheke dichtmachen ..." Das hat mich genervt, dann habe ich anfangs vielleicht auch mal ein paar Nächte schlecht geschlafen. Aber ich habe es mit der Zeit restlos abgelegt, mich von solcher Panikmache verrückt machen zu lassen. Je selbstbewusster ich in meiner Apotheke bin und je mehr ich meinen eigenen Weg gehe, auf dem ich schon lange bin, desto weniger können mir der Gesetzgeber und die „Kettenbildner" die gute Laune nehmen. Das war eine wichtige Erkenntnis, mit der es mir seitdem viel besser geht. Und damit natürlich auch meinen Kunden, denn die wollen auch lieber zu einem gut gelaunten, optimistischen Apotheker gehen oder von einem optimistischen Team beraten und bedient werden.

Reuter: Noch mal zurück zu Deiner Individualapotheke: Was hast Du denn anders gemacht als andere? Was hast Du weggelassen, was hast Du reduziert, und wo hast Du die Schlagzahl erhöht? Und was hast Du ganz neu eingeführt?

Individual-
apotheke

Altmann: *Ich verzichte vor allem seit vielen Jahren auf sogenannte „Depotverträge". Marken, die mir Zwangssortimente aufdrücken wollen, von denen ich also alle 20 bis 30 Artikel im Sortiment haben muss, um sie überhaupt führen zu dürfen, gibt es bei mir nicht. Sollen sich doch andere in dieser Austauschbarkeitsfalle tummeln! Und was ich auch mache: Ich lasse mich von meinen Kunden beraten. Mit ihnen führe ich Gespräche auf Augenhöhe. Sie haben mir gespiegelt, wo ich mich mit meiner Apotheke marketingtechnisch befinde, und bestimmte Wünsche an mich herangetragen. Und je nach Machbarkeit habe ich mich dann dorthin ausgerichtet und weiter entwickelt. Dies gibt dem Kunden das Gefühl, dass ich ihn wertschätze, seine Wünsche beachte, seine Vorschläge aufgreife und gegebenenfalls auch umsetze.*

Reuter: Hoch interessant! Und dann hast Du ja auch noch zwei Bücher veröffentlicht. In eins davon wird auch mal öfter bei uns hineingeguckt, in der Apotheke. Ich selbst habe ja keine Vierbeiner, aber das Thema „Homöopathie für Tiere" ist natürlich sehr spannend. Wie bist Du dazu gekommen?

Altmann: Es kam ein Kunde mit einer Katze in meine Apotheke, die vom Tierarzt aufgegeben war und eine nicht so gut Prognose hatte. Wenn es ihr nicht bald besser ginge, so hieß es, dann müsse sie voraussichtlich eingeschläfert werden, und zwar wegen Katzenschnupfen, der für Katzen oft tödlich ist – das ist nicht so eine simple Erkrankung wie bei uns Menschen. Der Kunde fragte mich also nach einem „Tipp", und ich habe ihm das aus meiner Sicht passende homöopathische Mittel empfohlen, das der Katze nach wenigen Tagen geholfen hat. Das war vielleicht die Initialzündung. Daraufhin kamen gelegentlich einige Hunde- und Katzenhalter auf mich zu und baten mich um Rat, und zwar zusätzlich zur tierärztlichen Therapie, auf die ich in jedem Fall Wert lege. Irgendwann sprach sich das herum, und so kam das Team um Frau Dr. Veronika Carstens (der Witwe des ehemaligen Bundespräsidenten Carl Carstens) auf mich zu. Sie stand ja damals der Stiftung für Natur- und Komplementärmedizin vor und sie bat mich, ein Buch zu schreiben über Naturheilkunde für Tiere. Ich war mehr als überrascht und dachte, ich höre nicht richtig. Aber mir wurde dann ganz schnell klar: Nichts würde ich lieber tun! Vormittags kam der Anruf, nachmittags habe ich zugesagt, und am nächsten Tag bekam ich schon die Anweisungen, wann das Buch fertig zu sein hätte. Also legte ich los, und das Buch scheint einen Nerv des Zeitgeistes getroffen zu haben. Inzwischen hat es sich tausendfach verkauft, wirklich tausendfach. Das Geld aus dem Verkauf kommt zu einem Teil auch der Stiftung zu Gute und damit der Homöopathieförderung; darüber bin ich natürlich sehr glücklich.

Reuter: Ja, ich habe das damals nur am Rande mitbekommen. Ich kannte dich ja noch nicht, aber fand die Idee cool. Aus einigem Abstand sah es fast schon aus wie geplant; ich habe immer gedacht, Du hättest einen Masterplan gehabt für dieses Buch, aber selbst wenn nicht, wenn einer so gute Arbeit leistet und damit Menschen oder Tieren hilft, dann hat das eine magnetische Wirkung.

Altmann: Ja, das hat einen wahrlich „tierisch" guten Effekt auf die Apotheke. Geplant war das allerdings nicht. Ich bin ja eher jemand, der gemütlich durch sein Leben fährt, zwar ein Ziel vor Augen hat, aber auch guckt, was es links oder rechts des Weges gibt und was sich auftut an möglichen Abzweigungen und Umleitungen. Und wenn dann etwas ins Gesamtkonzept passt, kann ich ganz spontan sagen: Ja, das mache ich. Ich spüre das dann in mir, das bringt mir etwas, und ich möchte es tun. Das ist Neugier, aber auch ein Gespür, das in mir drin sitzt. So folge ich gern meinem inneren Ratgeber.

Reuter: Das ist also ein Gespür für wichtige und richtige Dinge, eine Art Gefühl?

Altmann: Ja, das basiert auf Gefühlen. Ich möchte in diesem Zusammenhang auf das „Bauchhirn" zu sprechen kommen. Dazu gibt es neue Forschungen, die sagen, unser Bauchhirn sei fünfmal so stark neuronal vernetzt wie das Gehirn. Und deswegen sei unser „Bauchgefühl" oftmals der bessere Ratgeber als der Verstand oben in unserem Kopf.

Reuter: Ja, das kenne ich natürlich, dass der „Bauch" einfach oft recht hat oder recht behält. Und erst im Nachhinein kann man eine richtige Entscheidung rational begründen, die man auf der Basis eines „Bauchgefühls" getroffen hat. Eine Deiner erfolgreichsten Ideen war ja dieser „Roundtable" für Speaker und Vortragsredner. Fünfmal hast Du den jetzt schon veranstaltet. Kam diese Idee auch „aus dem Bauch heraus"?

Altmann: Ja, die Basis der Idee war so eine Art „Bauchgrummeln" über relativ hohe Preise, die man bisweilen bei vielen Veranstaltungen und Mitgliedschaften im Speaker-, Trainer- und Coach-Bereich zu tragen hat. Dann habe ich irgendwann angefangen, darüber nachzudenken, ob es das nicht auch günstiger geben könnte, und trotzdem natürlich stilvoll. Über ein Brainstorming und intensiven Ideenaustausch mit meinem guten Freund und

Mitorganisator Christoph Schwab kamen wir von der „Speaker's Corner"-Faszination im Hyde Park in London zum Park am Brandenburger Tor in Berlin, und so schließlich auf das nahe gelegene Hotel Adlon, auch wegen der Unabhängigkeit vom Wetter. Aber plane mal einen Kongress im Nobelhotel, und Du wirst schnell erschlagen von den Kosten. Deswegen eben veranstalten wir lieber einen „Roundtable" ohne technischen Aufwand; aus der Perspektive des Hotels hat das mehr einen Stammtisch-Charakter und ist deswegen bezahlbar. Verdienen wollte ich daran nichts, und so konnten wir 2015 mit 49 Euro pro Person an den Start gehen: die Teilnahme-Kostenpauschale inklusive Kaffee, Kuchen und Champagner im wahrscheinlich bekanntesten Hotel Deutschlands.

Roundtable für Speaker *Das hat eine enorm gute Resonanz bei den Teilnehmern ausgelöst: Austausch auf Augenhöhe, ohne Beamer und ohne Power-Points, nur die Essenz des Redens. Den Roundtable haben wir mittlerweile fünfmal durchgeführt: außer im „Adlon" in Berlin auch in Hamburg im „Atlantic", im „Vier Jahreszeiten" in München, im „Excelsior" in Köln und im „Sacher" in Wien. Viele Teilnehmer sind Dauerfans, wenige andere können nur zu der einen oder anderen Veranstaltung kommen, aber jeder ist herzlich willkommen. Das Zwischenmenschliche geht mir hierbei einfach über alles.*

Reuter: Das kann ich als Teilnehmer gerne bestätigen; es ist tatsächlich eine Art „Wellness für Speaker und Referenten". Aber das ist natürlich eine Frage der Perspektive; bekommst Du auch manchmal Gegenwind?

Altmann: Manchmal kommen Anfragen nach Bühne, Technik, Publikum usw. Meistens basiert das auf Missverständnissen, weil Leute meinen, ich wäre eine Redneragentur. Dabei sind wir tatsächlich eine Art Stammtisch in feinster Umgebung, in der es so richtig Freude macht, zusammen zu sein und Erfahrungen auszutauschen, Konzepte und Projekte, Tipps und Trends vorzustellen und vor allem zu netzwerken. Hauptmotivation bleibt hierbei das Menschliche: das Genießen, die Lockerheit und eine freund-schaftliche Basis für einen guten Austausch ohne Wettbewerb, Ju-ry und Stress.

Reuter: Das ehrt Dich ja wirklich, dass Du so denkst – prima! Gab es in den letzten zehn Jahren denn eigentlich auch irgendwelche Fehltritte Deinerseits? Also, weg von der Selbstbestimmung und dem Menschlichen?

Altmann: Ja, schon. Ich habe lange überlegt, ob ich es Dir erzählen soll (lacht). Aber ich habe tatsächlich zum 50. Geschäftsjahr meiner Apotheke, also der Apotheke meiner Familie, den größten Fehler begangen! Ich habe zum 50. Jahrestag beschlossen, auf bestimm-te Produkte 50 Prozent Rabatt zu geben, also in der Rabattschlacht so richtig mitzumischen, und zwar ein Jahr lang mit Monatsakti-onen von Januar bis Dezember. Du kannst dir nicht vorstellen, was in diesem Jahr vorging, was in der Apotheke los war – aber auf der anderen Seite auch, wie grottenschlecht das Betriebsergebnis war. Also viel, viel Arbeit für katastrophal weniger Geld. Was für eine Schnapsidee! Ich kann unsere Kollegen und Kolleginnen wie auch Unternehmer anderer Branchen nur davor warnen, so etwas auszuprobieren. Ich weiß immer noch nicht, was mich da gerit-ten hat, denn ich bin grundsätzlich ein vehementer Verfechter des geradlinigen fairen Preisniveaus und nicht der Rabattschlach-ten um jeden Preis. Es gab ja mal die Diskussion, ob es sich lohnt, „Schlecker-Preise" in den Apotheken zu etablieren. Aber Schlecker ist pleite, ist dabei draufgegangen, wie auch seinerzeit die Prakti-ker-Baumärkte mit ihren „20 Prozent auf alles außer Tiernahrung". Einige weitere Unternehmen, auch einige meiner Mitbewerber, sind im Laufe der Jahre vom Markt verschwunden. Dennoch spielen viele Apotheken das riskante „Spiel" weiter. Und das sind ja oft genug Verantwortung tragende Familienoberhäupter und Einzel-unternehmer oder -unternehmerinnen ...

Fehler
Rabattschlacht

Reuter: ... die persönlich haften.

Altmann: Ja, das auch noch, das macht es noch viel gefährlicher für die Einzelnen.

Reuter: Du bist ein gutes Beispiel dafür, dass man selbst als gestandener Unternehmer noch auf die „Rabattpolitik" hereinfallen kann. Wie lang bist Du jetzt in deinem Beruf tätig, Gero?

Altmann: Etwas über 30 Jahre, und als Apothekenleiter kann ich mittlerweile auch schon auf anderthalb bis zwei Dekaden zurückblicken. Zuerst war ich ja lange Zeit als Pächter bei meinem Vater und später dann erst der Besitzer. Ich bin organisch in die Apotheke meines Vaters bzw. die meiner Eltern hineingewachsen.

Reuter: Du hast ja zusätzlich noch Deine Naturheilpraxis, Du hast nebenbei Deine Rednerengagements und schreibst Bücher. Es gibt sicher gute Tage, und es gibt weniger gute Tage. Was motiviert Dich dann trotzdem, jeden Tag in Deiner Apotheke zu erscheinen? Was ist Dein Warum, Dein höheres Ziel? Also nicht nur, ein Aspirin oder auch mal ein Schüssler-Salz zu verkaufen. Möchtest Du Recklinghausen ein bisschen besser machen, gibt es für Dich einen Leitspruch oder ein Zitat, das Dich geprägt hat oder gar ein Vorbild?

Sei neugierig, was der Tag dir bietet

Altmann: Eigentlich muss ich hier passen, weil ich fast nie diese schlechten Tage habe. Ich denke immer: „Sei neugierig, was der Tag dir bietet!" Und meistens ist das auch etwas Spannendes. Oft ist es schon der erste, zweite oder der dritte Kunde von mir, der mir ganz viel Freude bringt und mit dem ich mich sehr gerne unterhalte und daraus so viel Kraft schöpfe, dass ich quasi auftanke, dass ich gute Laune tanke. Und wenn ein Kunde mit einer gerunzelten Stirn die Apotheke betritt oder mit einem traurigen Gesichtsausdruck, und ich schaffe es, dass dieser Kunde lächelnd oder sogar lachend die Apotheke wieder verlässt, dann ist der Tag gut gelaufen.

Reuter: Das ist ja schon echt tiefgründig, da bin ich richtig beeindruckt. Da ist es ja wieder, das Menschliche, das absolut Grundlegende.

Altmann: Ja, ich habe keinen Tischkalender, auf dem ein täglicher Spruch steht, sondern der „Spruch", also die zentrale Erfahrung, kommt im Laufe des Tages zu mir, häufig schon in den ersten Stunden. Aber ich muss eine Sache noch ergänzen, denn ich bin an den meisten Tagen kurz vor Dienstantritt auch noch mit meinem Hund unterwegs. Ich habe einen Golden Retriever, der mir „goldene" Zeiten beschert, Zeiten des Nachdenkens, des Luft-Schnappens und des, ja wie soll man sagen: des „Geerdet-Werdens". Und das mag vielleicht in den letzten sieben Jahren meine zusätzlich „Gute-Laune-Antriebsfeder" gewesen sein.

Reuter: Hat er Dein Buch auch gelesen *(lacht)*, ich meine, davon profitiert?

Altmann: Natürlich, aber er war glücklicherweise noch nie wirklich krank. Und das Interessante ist, dieses Tierthema kam bei mir im 50. Lebensjahr wie eine Lawine. Da haben sich bei mir wohl etliche Blockaden gelöst. Ich habe mir früher schon immer einen Hund gewünscht, und hatte einen Kanarienvogel, Wellensittiche und bin teilweise auch geritten. Aber einen Hund in die Familie zu integrieren, hatte ich noch nicht den Mut. Und mit 50 hatte ich plötzlich einen supersüßen kleinen Welpen auf dem Schoß und habe folgerichtig nicht mit Prunk und Gloria meinen Geburtstag gefeiert, sondern dem Welpen seine Ruhe gelassen und die Party auf ein Jahr später verschoben. Gefühlt begleitet er mich auch durch den ganzen Arbeitstag, ist imaginär an meiner Seite – was ich auch tue.

Reuter: Noch mal zurück zum Business: Wir wissen ja, dass 80 Prozent aller Unternehmensneugründungen die ersten fünf Jahre nicht überleben. Angenommen, Du würdest jetzt ein Unternehmen neu gründen, was wären wirklich die zwei bis drei wichtigsten Sachen, die Du Dir zu Herzen nehmen würdest?

Altmann: Also, dazu habe ich tatsächlich einen Vortrag: „Nischen finden, Nischen binden", in dem ich zum Ausdruck bringe: Die Nischen finden dich, aber dann musst du es auch verstehen, die Nischen zu binden. Das ist manchmal nur eine Entscheidung in Sekundenbruchteilen, in denen dir etwas angetragen wird, in denen du etwas siehst oder etwas hörst. Sei aufmerksam, lass deiner Intuition jederzeit ihren Platz und habe den Mut zu experimentieren. Aber sei unbedingt vorsichtig mit großen Investitionen und Kreditaufnahmen. Das ist das Allerwichtigste: auf Pump zu kaufen, Kredite aufzunehmen und sich dann zu verkalkulieren oder zu verspekulieren, das ist das Gefährlichste! Denn eine noch so grandiose Idee kann sich als falsch herausstellen, und dann muss man die Zeche bezahlen und bereut es bitter.

Reuter: Also mutig soll man sein, aber auch kalkuliert vorgehen, gut! Du bist jetzt schon so lange in der Apotheke, aber angenommen, Du wärst jetzt gerade mit dem Abitur fertig und triffst Dein Alter Ego, den 20-jährigen Gero. Gib ihm einen Ratschlag mit auf den Weg, nur einen einzigen. Welcher könnte das sein?

Altmann: Aber lieber Jan, ich bin immer, stets und ständig mit dem 20-jährigen Gero im inneren Dialog. Und ihm würde ich auch sagen: „Höre auf den 15-jährigen Gero", und dem 10-jährigen würde ich sagen, „höre auf den 5-jährigen Gero in Dir"! Höre auf Dein inneres Kind, Dein inneres Wesen, und bleibe in diesem Dialog der Generationen in Dir, die sich in Dir befinden auf Grund deiner bisherigen Lebenserfahrung. Deswegen habe ich nicht den „einen" Ratschlag für den jungen Gero – ich rede sowieso ganz oft mit ihm.
Dieser ständige innere Dialog führt dazu, dass ich mich noch manchmal in meinem kleinen Indianerzelt hier im Hinterhof der Apotheke spielen sehe. Damals war ich übrigens meistens Cowboy. Ich war ein Cowboy im Indianerzelt und diese Erdverbundenheit mit dem Ort, also der Kreuz-Apotheke, wo ich wirke, die habe ich mir erhalten, und die macht mich ganz einfach stark und stabil. Ich meine das in dem Sinne, dass ich eine gewisse Grundzu-

friedenheit habe, mir ein stückweit das innere Kind bewahrt habe und so an manchen Dingen auch nicht vorbeilaufe, bei denen sich andere Leute sagen: „Dazu bin ich zu erwachsen."

Reuter: Das ist mir öfter bei Dir schon positiv aufgefallen *(schmunzelt)*. Hast Du denn noch einen konkreten Tipp für einen Leser, der ein KMU führt?

Altmann: Ja, Mut zu haben. Mut und die innere Überzeugung, beides ist wichtig! Überzeugt zu sein von Deiner inneren Idee, Dir nicht irgendetwas aufpfropfen oder einreden zu lassen. Es sollte eine Initialzündung irgendwo in einem selbst geben, und dann kann man sich sagen: Dafür brenne ich – aber dafür verbrenne ich keine Gelder, Millionen oder wertvolle Beziehungen, darauf muss man achten! Und wenn man den Mut und das Durchhaltevermögen hat, dann wird man Erfolg haben. Ich distanziere mich ausdrücklich von Leuten, die immer nur von „Verkaufen" sprechen. Beratung ist mir in meinem Geschäft außerordentlich wichtig. Es ist ja nichts anderes als ein Mix aus Beratung und Verkauf, der dem Kunden sein Bedürfnis bewusst macht und ihm schließlich auch hilft. Beratung und Verkauf gehören zusammen, sonst verlieren wir gegen das Internet! Ich beziehe mich auch gerne auf den Dalai Lama, der gesagt hat: „Wer an sein Ziel glaubt, wird unweigerlich Erfolg haben." Und genau das wünsche ich jedem mittelständischen Unternehmer und jeder Unternehmerin.

Mut und Überzeugung

Reuter: Ja, in Tibet warst Du auch schon. Du hast ja wunderbarerweise wenige bis gar keine Scheuklappen, und wenn doch, kannst Du sie immer ganz gut ablegen.

Altmann: Ja, das ist auch eine Richtung, die mich fasziniert. Ich lerne seit 2017 TTM (Traditionelle Tibetische Medizin) in der Hauptausbildungsstätte in Europa, dem Tibetcenter in Knappenberg/ Kärnten; darüber freue ich mich riesig. Einige Präsenzseminare in 1000 Metern Höhe mit malerischen, himmlischen Ausblicken, kombiniert mit einem Fernstudiengang. So vertiefe ich die Eindrücke meiner Tibet/China-Studienreise und lerne als Heilpraktiker, Methoden anzuwenden, die uns hier – auch denen, die mit Traditioneller Chinesischer Medizin (TCM) arbeiten und mehr an China orientiert sind – noch weitestgehend fremd sind. Da habe ich wieder eine spannende Nische für mich gefunden.

Reuter: Dein Wille zur Weiterentwicklung ist beeindruckend. Von ganzem Herzen sage ich danke für alle Deine wertvollen Informationen!

3

„Humbition" – die Mischung aus Ehrgeiz und Bescheidenheit macht erfolgreich

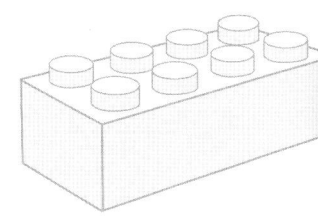

**Brunos Beipackzettel:
Das Kapitel auf einen Blick**

Warum ein Unternehmer „Humbition" braucht, wie dieses Erfolgsrezept aus Ehrgeiz und Bescheidenheit funktioniert und welche Fußangeln auf die warten, die nur den Ehrgeiz leben und die Bescheidenheit links liegen lassen. Wie erfolgreiche Unternehmen aus der „Humbition" heraus agieren. Wie Sie zu einer Schlüsselfigur für Ihr Unternehmen und zu einer „Key Person of Influence" für Ihre Zielgruppe werden, und noch ein bisschen wirksame Medizin, die ihnen hilft, trotz Erfolgs nicht übermütig zu werden. Und zum Schluss eine geballte Wissens-Injektion zum Thema „Mehr sein als scheinen" mit Beispielen für selbstbestimmte Unternehmer und andere, die ihre Grenzen entweder ignoriert oder erfolgreich erweitert haben.

In diesem Kapitel geht es um die innere Haltung, die zentral ist für den Unternehmenserfolg: die „Humbition". Diesen Begriff habe ich nicht erfunden. Vielmehr geht er auf meinen amerikanischen Autorenkollegen William Taylor zurück. Das Kunstwort „Humbition" ist eine Verschmelzung der englischen Begriffe für Bescheidenheit („Humility") und Ehrgeiz („Ambition"). Taylors Kernthese lautet, dass nur die Kombination der beiden Faktoren in einer Unternehmer- oder Führungspersönlichkeit zu echtem und nachhaltigem Erfolg führt (Taylor, 2013). Der „bescheiden Ehrgeizige" weiß, dass er es nicht allein schafft, erfolgreich zu sein. Er hat Respekt vor den Faktoren und Menschen, die ihn auf seinem Weg unterstützen. Der „pur Ehrgeizige" dagegen neigt zum „Größenwahn": Er denkt, er sei das Maß aller Dinge, hätte alles alleine zustande gebracht, und fühlt sich darum allmächtig.

Warum zu viel Ehrgeiz gefährlich werden kann

Demut Purer Ehrgeiz ist eine Einstellung, die in einem selbstbestimmten Unternehmen überflüssig ist. Natürlich brauchen Sie gesunden Ehrgeiz, wenn Sie erfolgreich sein wollen. Dieser starke Wille zum Erfolg und der Fokus auf Ihr Ziel geben Ihnen Kraft und den nötigen „Drive". Aber stellen Sie sich nicht selbst dabei in den Mittelpunkt, sondern Ihr Ziel, Ihre Aufgabe und Ihr Warum. Bringen Sie ein Quäntchen Demut vor der Bedeutung aller beteiligten Menschen und Umstände auf! Und seien Sie offen und lernbereit statt unbescheiden oder besserwisserisch. Wohin die Reise bei einem allein von Ehrgeiz und Machtdenken getriebenen Unternehmer gehen kann, zeigt das Beispiel des 2016 Pleite gegangenen Großbauern und Agrarunternehmers Siegfried Hofreiter.

Alles fing gut an: Der Bauer Siegfried Hofreiter begann vor etwas mehr als 30 Jahren als klassischer „Selfmademan". Er hatte Ideen und investierte viel Energie, um seine ärmliche und kleinbäuerliche Herkunft aus dem Dorf Sulzemoos im Bayrischen hinter sich zu lassen. Nach und nach baute er eine große landwirtschaftliche Unternehmensgruppe auf, getrieben von Ehrgeiz, aber auch von „großem Denken". Mit einem seiner ehrgeizigen Projekte scheiterte er bereits 1990: mit der „Hofreiter-Guts-Ei-GmbH", einer Hühnerfarm nach amerikanischem Vorbild, die er zusammen mit seinen Eltern aufgebaut hatte. Das war das erste Mal, dass von einem seiner „raumgreifenden" Projekte nur ein Schuldenberg zurückblieb – mit dem in diesem Fall seine Eltern fertig werden mussten (Grossarth, 2016). Ein erster Warnschuss, den Hofreiter überhörte!

Auch weitere Warnschüsse verhallten in Hofreiters „Großdenker-Universum" ungehört: Der 1986 gegründete Agrartechnikhandel und der 1996 „mangels Masse" in Konkurs gegangene Fahrradimporteur „Bavaria Radsport" sind weitere Ideen, mit denen Hofreiter langfristig auf keinen grünen Zweig kam – weil er immer auf zu vielen Hochzeiten gleichzeitig tanzte und ihm die „Bodenhaftung" fehlte.

Dabei war die vermeintliche „Bodenhaftung" genau das, was ihn in den Augen seiner Anleger bei dem folgenden Riesen-Projekt, dem „Agrarkonzern KTG", so attraktiv machte. Zwar bewirtschaftete in den Blütezeiten des Konzerns in Europa niemand mehr Ackerfläche als Hofreiter, aber dennoch schaffte er es, sich bei seinen Geldgebern mit seiner Herkunft als bodenständiger Bauer zu inszenieren. Dass das nur eine Fassade war, erfuhren rund 10.000 Investoren dann ungefähr zehn Jahre nach dem Börsengang der KTG 2007.

Dabei schien der Konzern zunächst finanziell solide aufgestellt. KTG kaufte das Land von Bauern auf, die ihr Geschäft (meist mangels Nachfolger oder aus finanziellen Gründen) aufgaben und bewirtschaftete es mit modernsten Methoden. Zusätzlich profitierte KTG von Subventionen, die sich bei der angehäuften Landmenge auf bis zu zehn Millionen pro Jahr summierten (Scherer, 2016). Hofreiter entwarf in seinem Börsenprospekt ein attraktives Zukunftsmodell von ökologischem Landbau und einer Lieferkette „vom Bauernhof bis auf den Teller". Skeptiker gab es schon damals, etwa bei den Bioverbänden, die eine wirklich nachhaltige Landwirtschaft in derart großem Stil für unmöglich hielten und ablehnten. Aber niemand bei der KTG und den Anlegern wollte auf sie hören, weil ihnen das Lied von „Wachstum und Ökologie" so schön in den Ohren klang.

Vieles lag bei der KTG im Argen: Enorme Summen wurden für Luxusgüter und Statussymbole zum Fenster hinausgeworfen. Hofreiter flog mit dem firmengeleasten Hubschrauber und fuhr dicke Sportwagen. Die KTG hielt in Oranienburg in einem repräsentativen Firmensitz Hof und unterhielt „nebenbei" dort noch ein eigenes Herrenhaus, in dem Schulungen durchgeführt wurden. Auch dem Management des Unternehmens fehlte es an nichts: Das Gehaltsniveau war „astronomisch", alle profitierten von dicken Boni und fuhren große BMW als Firmenwagen; Firmenseminare fanden in einem Luxushotel auf der Zugspitze statt (Grossarth, 2016).

Unterwürfige Manger | Dabei war die Rolle des Managements bei der KTG mehr eine repräsentative als eine aktiv gestaltende. Denn das Wohlwollen Hofreiters genossen nur die, die ihm nach dem Mund redeten. Unterwürfigkeit war Programm. Kritik und eine eigene, womöglich von der des „Big Boss" abweichende Meinung dagegen waren unerwünscht und wurden rigide geahndet – manchmal sogar mit einem spontanen Rauswurf. Hofreiter regierte sein Imperium mit harter Hand und besetzte Schlüsselpositionen im Unternehmen in bester Diktatoren-Manier mit Familienmitgliedern oder seiner zeitweiligen Lebenspartnerin. Hofreiter war kein Menschen-Magnet, sondern ein Tyrann, der sich mit Ja-Sagern als Führungskräften umgab, die sich wie er vom „großen Geld" blenden – besser gesagt: bestechen – ließen. Ein Warum hatte Hofreiter nicht. Der „Ganzgroßbauer" war nicht getrieben von Werten, von einer großen Idee oder Vision, sondern einzig und allein vom Geld. Sein Leben war eine Kompensation der ärmlichen Verhältnisse, denen er entstammte – zu wenig als Basis für ein Unternehmen.

Schließlich war das Ende der Fahnenstange erreicht: Großmannssucht, Goldrausch, Verzettelung, ein despotischer Führungsstil und die Expansion um jeden Preis bei dürftigen und wenig durchdachten Produkten sowie Verzettelung in zu vielen Geschäftsfeldern forderten im Sommer 2016 ihren Tribut – die KTG rutschte in die Pleite mit knapp 600 Millionen Euro Schulden. Der ultimative Rettungsversuch scheiterte: Ein chinesischer Investor sagte in letzter Minute ab. Die vermeintliche Erfolgsgeschichte war zu Ende.

Von Bescheidenheit fehlte bei Hofreiter jede Spur; Ehrgeiz war hingegen im Übermaß vorhanden – in meinen Augen eine äußerst ungesunde Kombination! Eine letzte kleine Anekdote illustriert, dass dem Unternehmer Hofreiter das Warum völlig fehlte: Im Zuge des Konkurses und der Ermittlungen wurde er gefragt, was denn hinter der Abkürzung „KTG" stünde und was der Firmenname bedeute. „Nichts", lautete seine Antwort, der Name sei „eine reine Erfindung" (Grossarth, 2016).

Eine leere Hülle, das tut fast schon weh. Und merken Sie was? Hofreiter hat sich sehenden Auges und völlig eigenverantwortlich ins Unglück gestürzt! Die Fixierung auf Äußerlichkeiten, auf seine alleinige Sicht der Dinge bei der Leitung des Unternehmens, auf Statussymbole und das Leben auf großem Fuß hatten nichts mit „Humbition" zu tun. Damit allerdings steht Hofreiter durchaus nicht alleine da: Wenn die Luft dünner wird, setzen Firmen und Institutionen sich oft noch ein richtig „dickes" Denkmal in Form eines Statussymbols. Das kann zum Beispiel ein repräsentatives Gebäude sein – das dann schnell zum „Mausoleum" des einstigen Erfolges wird, wenn alles den Bach heruntergeht. Bekannt ist dies als „Parkinsons Gesetz": 1957 schrieb C. Northcote Parkinson, der bekannte Soziologe und Historiker, ein gleichnamiges Buch, indem er sehr humorvoll die „Gesetze" aufzeigte, nach denen große Institutionen – Unternehmen, aber auch andere Organisationen – funktionieren. Im „Gesetz der vorgeplanten Mausoleen" hält er fest, dass sich Institutionen auf der ganzen Welt seit mehr als zwei Jahrtausenden immer dann äußerlich perfekte „Paläste" zulegten, wenn sie innerlich fast am

Parkinsons Gesetz: dem Niedergang ein Denkmal setzen

Ende waren. Als der Vatikan den Petersdom erbauen ließ, tobte in Europa bereits die Reformation; als das Schloss von Versailles endlich fertig war, wurde in Paris schon die Guillotine für die Revolution geölt, und als das Pentagon in den USA eingeweiht wurde, war der Zweite Weltkrieg beinahe vorüber (Parkinson, 1960, S. 85). In Zeiten lebendiger Entwicklung hat niemand Zeit, sich ein perfektes Firmengebäude zu errichten. Nicht wenige später erfolgreiche Internet-Unternehmen begannen als Start-ups notdürftig in einer Garage, wie z. B. die beiden Firmengründer William Hewlett und David Packard.

Die entscheidende Frage ist: Wo ist der Punkt, an dem es kippt – an dem die vielleicht zu Anfang durchaus gute und ehrenvolle unternehmerische Absicht im Nebel zu verschwimmen beginnt, an dem die Produktivität nachlässt und stattdessen Statussymbole zur „Beruhigung" und zur Zementierung des Herrscheranspruches und des Erfolgs nach außen installiert werden? Ich sage gerne: Wenn der Teich ansteigt, fängt die Ente an, sich für einen Adler zu halten. Aber wenn sie merkt oder fürchtet, dass sie doch keiner ist (und nie einer werden wird), geht die Negativ-Spirale der Selbstdarstellung nach außen los – dem Größenwahn sind Tür und Tor geöffnet.

Die Ursachen des Größenwahns

Es hat immer etwas mit dem persönlichen Selbstbild zu tun, wenn jemand anfällig für Eitelkeit und Narzissmus ist, sich ständig etwas beweisen muss und „einen auf dicke Hose" macht. Zu dieser Einsicht hat mich Sir Ken Robinson mit seinem Buch „Begeistert leben" inspiriert: Er spricht dort von „Menschen mit einem statischen Selbstbild", die von sich glauben, ihre individuellen Fähigkeiten (wie etwa Intelligenz und Talent) seien von Geburt an unveränderlich angelegt. Dass sie sich weiterentwickeln, dazu lernen und über sich selbst hinauswachsen können, glauben diese Menschen nicht.

Ein solch statisches Selbstbild trägt deshalb häufig zu dem „Drang bei, sich selbst immer wieder beweisen zu müssen". Das

3 „Humbition" – die Mischung aus Ehrgeiz und Bescheidenheit

liegt daran, dass diese Menschen häufig davon ausgehen, dass man mit den eigenen Fähigkeiten oder Dispositionen „einfach Glück oder Pech gehabt hat" und „damit leben muss", weil es „wie beim Poker (ist), man hat keinen Einfluss auf die Karten, die man bekommt". Und so verharrt man in einer bestimmten Haltung und entwickelt sich nicht weiter, weil „man immer dabei ist, sich selbst und die anderen davon zu überzeugen, dass man einen Royal Flush hat, auch wenn man heimlich fürchtet, man hätte nur ein Paar Zehnen auf der Hand" (Robinson, 2014, S. 193).

Solche Menschen machen sich grundsätzlich und existenziell von der Meinung anderer abhängig (wir werden darauf im nächsten Teil dieses Kapitels noch zurückkommen). Sie sichern sich innerlich darüber ab, sich total und im Übermaß im Außen mit „allgemein anerkannten" Symbolen des Erfolgs zu schmücken. Sie wollen anderen keine Angriffsfläche bieten. Ihre Bezugspunkte und Allheilmittel im Leben sind: „Mein Haus, mein Auto, meine Yacht, mein Pferd, meine Pferdepflegerin …", wie es so schön vor einigen Jahren in einem Werbespot hieß. Statt ein glückliches und selbstbestimmtes Leben zu führen und ihr volles Potenzial auszuschöpfen, investieren sie in eine Fassade, bauen ein Potemkinsches Dorf auf.

Wie das „Lego-Prinzip" Sie weiterbringt

Wir alle kennen Menschen, die gegen Größenwahn grundsätzlich gefeit sind, weil sie immer aus einer Haltung der „Humbition" heraus agieren: unsere Kinder. Sie sind von Natur aus frei von Hochmut und darum bescheiden. Ein Desaster wie der Abgas-Skandal bei VW hätte bei einer von kindlichem Handeln und von „Humbition" geprägten Unternehmens- und Managementkultur nie stattgefunden! Nebenbei bemerkt: „Kindlich" ist natürlich etwas anderes als „kindisch". Das kindliche Moment in sich zu bewahren heißt nicht, kindisch zu sein oder zu werden.

Was die innere Hingabe an ein Projekt angeht, können wir alle von unseren Kleinen lernen. Oder kennen Sie ein Kind, das beim Spielen auf die Uhr schaut und denkt: „Oh, jetzt ist gleich Feierabend und Mama wird mich zum Essen rufen – ich schalte schon mal einen Gang zurück und räume die Spielsachen weg"? Bestimmt nicht! Vielmehr sind Kinder mit Power und Hingabe dabei und gehen völlig im Hier und Jetzt auf. Und was machen wir eine Stunde vor Feierabend? Sind wir da noch total bei der Sache? Oder schon mit einem Bein wieder auf der Autobahn oder in Gedanken bei der abendlichen Freizeitgestaltung? Wenn wir ehrlich zu uns selbst sind, fehlen uns öfter die Hingabe und das notwendige Quäntchen Einsatz. Und das letzte Stück gesunder Ehrgeiz, um vielleicht noch das Angebot für unseren Kunden fertig zu machen, damit er es bereits am nächsten Tag auf dem Tisch hat.

Kinder sind beim Spielen von Natur nicht darauf gepolt, sich zu schonen. Mein Sohn (er ist sechs Jahre alt) baut gerne mit Lego und hat dabei ein „ehrgeiziges" Ziel. Er will etwas Tolles, etwas Wunderbares, ganz Schwieriges und extrem Cooles bauen. Aber er will es, weil *er* es will, und macht das vor allem *für sich*. Und so geht er voller Hingabe im Moment auf und ist dann im „Flow".

Der Lego-Modus

Ich nenne das den „Lego-Modus": Seine Einstellung und sein Handeln haben nichts, aber auch gar nichts, von Arroganz und Gefallsucht. Er will niemanden beeindrucken, sondern handelt nur für sich selbst – absichtsvoll und aufmerksam. Und was dabei ganz wichtig ist: Jegliche Form von Wertung ist ihm fremd. Klar, wenn er scheitert und vielleicht ein Turm seines Bauwerkes einstürzt, dann ärgert er sich. Aber nur ganz kurz. Er wertet das jedoch für sich nicht als eine persönliche Niederlage, er nimmt es lediglich zur Kenntnis – das ist ganz entscheidend! Statt zu denken „Oh, was habe ich bloß falsch gemacht!?", startet er einen neuen Versuch unter neuen Vorzeichen. Er hat den Chancen-, nicht den Problemblick! Und es ist ihm auch total egal, was meine Frau, ich oder sein Freund davon halten, wenn wieder mal eines seiner ambitionierten Bauwerke zusammenkracht. Und jetzt fragen Sie sich: Macht es Ihnen auch nichts aus, wenn geschäftlich etwas schief läuft und Sie vielleicht dumm dastehen? Oder Sie sich in einem Meeting unvorbereitet auf dem falschen Fuß erwischen lassen? Hand aufs Herz: Können Sie zulassen, von Ihren Mitarbeitern kritisiert zu werden? Können Sie vielleicht sogar solche Korrekturen begrüßen?

Tatsächlich hat vieles von dem, was uns belastet oder was bei uns falsch läuft, seine Wurzeln darin, dass wir immer in den Augen anderer gut aussehen möchten. Wir Erwachsenen haben es nämlich verlernt, nicht zu werten. Schnell brechen wir die Lanze über einen Kollegen oder Mitarbeiter (oder über uns selbst), wenn etwas nicht rund läuft. Und das Ganze funktioniert auch andersherum: Wir Erwachsenen reflektieren nämlich ganz oft darüber, wie wir wohl von anderen „be-wertet" werden. Was denken die Kollegen, die Chefs, unsere Mitarbeiter, was die Nachbarn – und wie kann es mir gelingen, in der Meinung dieser anderen gut oder besser wegzukommen?

Erwachsene wollen gut dastehen

Die Reflexion darüber, wie andere über uns denken, ist wohl das Unproduktivste, was wir mit unserer kostbaren Lebenszeit anstellen können! Denn wenn wir unseren Selbstwert am Urteil anderer Menschen festmachen, öffnen wir dem „Größenwahn" Tür und Tor: Wir häufen Statussymbole an, weil wir denken, nur so in der „GOOOP", der „good opinion of other people" (der Begriff stammt vom amerikanischen Psychologen Abraham Maslow, dem Vater der „positiven Psychologie"), schwimmen zu können wie der Fisch im Wasser. Der Preis dafür ist, dass wir uns in die Abhängigkeit von der Meinung anderer Menschen begeben und unfrei werden. In letzter Konsequenz werden wir auf diese Weise freiwillig zu Opfern, begeben uns aus eigenem Antrieb in diese bestimmte Opferrolle hinein und „erleiden" passiv die Bewertung der anderen.

Das passiert, wenn wir Ehrgeiz ohne Bescheidenheit leben. Das Umgekehrte, nämlich Bescheidenheit ohne Ehrgeiz, ist auch nicht besser: Dann machen wir uns zu klein, sind zu angepasst, schauen ängstlich nach rechts und links, um uns an anderen zu orientieren, laufen mit der breiten Masse und sitzen im Geschäft häufig in der Nachahmerfalle des Me-too. Dass beides Unsinn ist, sollte uns schon unser gesunder Menschenverstand sagen. Diesen Fallen können Sie nur entkommen, wenn Sie sich innerlich unabhängig machen – und zwar nicht nur vom Kopf her, sondern auch emotional.

Das gelingt Ihnen, wenn Sie ein klares Warum in sich verankert haben und im Lego-Modus agieren – das sind die wirksamsten Gegengifte. Dann nämlich sind Sie selbst aktiv und werden zum Gestalter Ihres Umfeldes. Sie erkennen sofort, dass die Urteile der anderen über Sie sehr viel über diese Menschen selbst aussagen – aber fast nichts über Sie. Es gelingt Ihnen, indem Sie Dinge so entscheiden und tun, wie Sie es wollen, wie es sich für Sie richtig anfühlt. Um es mit den Worten von Dan Pena zu sagen: „Give yourself permission to make mistakes. It's called learning." Kinder gestalten ganze Welten mit Lego – gestalten Sie Ihre Unternehmenswelt durch selbstbestimmte Entscheidungen, Ihr Verhalten und eine innere Haltung, die Ehrgeiz mit Bescheidenheit verbindet.

Das „Lego-Prinzip" im Überblick

Hier als „Rezept" zusammengefasst die fünf Bausteine des „Lego-Prinzips", wie unsere Kinder es von Natur aus leben:
1. Gesunder Ehrgeiz: mit Herzblut bei der Sache sein
2. Bescheidenheit: mit Chancenblick und der grundsätzlichen Offenheit, immer dazulernen zu wollen
3. Konzentration auf das Hier und Jetzt
4. Sich freimachen von vorschnellem Werten und dem Schielen darauf, wie andere uns „be-werten"

5. Entscheidungen treffen, die uns gemäß sind und hinter denen wir hundertprozentig stehen: Wir sind die Gestalter unserer Welt!

Pippi Langstrumpf, das selbstbestimmte Kind

BEISPIEL

„Ich mach' mir die Welt, wiede-wiede-witt, wie sie mir gefällt!" – das ist wahrscheinlich das berühmteste Zitat der wilden und wunderbaren Figur aus Schweden. Und wir alle lieben sie, weil es Pippi Langstrumpf tatsächlich gelingt, sich ihre Welt so zu gestalten, wie sie ihr gefällt: Sie ist immer im „Gestalter-Modus" – voller Selbstvertrauen und kindlicher Kreativität. Fern von Hybris und Größenwahn agiert sie im Rahmen der Realität und gegebener Möglichkeiten. Sie kommt deswegen damit so viel weiter als andere (auch als ihre Freunde Thommy und Annika), weil sie bestimmte Grenzen nicht akzeptiert, sich nicht um Konventionen schert, sich immer eine offene Geisteshaltung bewahrt und bereit ist, dazu zu lernen – was ein Ausdruck ihrer persönlichen Bescheidenheit ist!

Pippis anderes großes Geheimnis ist es, dass es ihr mithilfe der zauberhaften „Krummelus-Pillen" gelingt, nicht erwachsen werden zu müssen und sich ihre Kindlichkeit zu bewahren. Am Ende überzeugt sie auch Thommy und Annika davon, dass das der „Way of Life" sein sollte. Die drei nehmen jeder die „Zaubermedizin" ein und sagen unisono den dazu passenden Zauberspruch auf: „Liebe kleine Krummelus, niemals will ich werden gruß!" Das letzte kleine Wort, das wie ein missglückter Schüttelreim aussieht, ist dabei von entscheidender Bedeutung: Würde den dreien ein Fehler unterlaufen und würden sie als letztes Wort „groß" statt „gruß" sagen, wären sie dazu verdonnert, sofort erwachsen zu werden! Aber alles geht gut, die drei bleiben „forever young" und erfreuen immer neue Generationen von Kindern mit ihren Abenteuern.

Kind bleiben – ein Leben lang

Wir alle kennen Pippi, aber was die meisten nicht kennen, sind die großen Parallelen zwischen ihr und ihrer Schöpferin Astrid Lindgren. Die hatte nämlich keinesfalls im Sinn, eine der erfolgreichsten Kinderbuchautorinnen der Welt zu werden, als sie Pippi Langstrumpf, Kalle Blomquist und Michel aus Lönneberga erfand. Ihre Geschichten waren vielmehr zuerst einmal für ihre Tochter bestimmt, zu deren Unterhaltung und als Alternative zu den langweiligen und braven Mädchen- und Backfisch-Büchern der damaligen Zeit, die bezeichnenderweise Titel wie „Nesthäkchen" trugen. Die kamen nämlich nie über den Stereotyp einer gesitteten und saubere Röckchen tragenden „mädchenhaften" Heldin hinaus und waren stinklangweilig! Status und Geld waren nicht Lindgrens Antreiber, sondern Humor, Freigeistigkeit und Liebe zu ihrem Sprössling bildeten die Basis für ihr Schriftstellertum und alle ihre Geschichten! Keine Frage: Astrid Lindgren hatte ein klares Warum.

Natürlich sind Sie als Unternehmer, als Geschäftsführer oder Inhaber eines Unternehmens, sehr wahrscheinlich ohne Krummelus-Pillen aufgewachsen und ganz normal „groß" geworden. Leider führe ich diese phantastischen Pillen auch nicht in meinem Sortiment, so dass ich Sie Ihnen in meiner Apotheke nicht verkaufen kann.

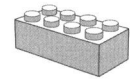

Wo stehen Sie bei Ihrem persönlichen „Lego-Prinzip"?

Wieder ein Stück weit Kind sein? Prima! Aber wie? Die folgende Checkliste hilft Ihnen, in den „Lego-Modus" zu kommen.

Thema Ehrgeiz:
- Wie, auf welche Art und Weise, sind Sie ehrgeizig? Was ist Ihr Antrieb? Wollen Sie besser sein als andere und in den Augen anderer glänzen? Wenn ja, womit?
- Oder geht es Ihnen darum, mit Ihrer Energie ein Ziel auf einer höheren Ebene zu erreichen – etwas, das Sie persönlich weiterbringt, das anderen hilft oder Ihren Kunden oder Ihren Lieben Nutzen bringt?

Thema Bescheidenheit:

- Wie nehmen Sie sich wahr und wie treten Sie auf? Machen Sie sich gegenüber Ihrem Umfeld eher zu klein oder zu groß?
- Oder agieren Sie als Teil eines Ganzen, wollen Ihren Beitrag leisten, um etwas Größeres zu schaffen, sind offen dazu zu lernen und begegnen anderen Menschen grundsätzlich auf Augenhöhe?

Thema Konzentration auf das Hier und Jetzt:

- Lassen Sie Ihre Gedanken oft unproduktiv ins Unkonkrete abgleiten, um mögliche negative Ereignisse kreisen oder neigen Sie gar zum „Katastrophisieren"? Entwerfen Sie Pläne für alle möglichen Eventualitäten, die wahrscheinlich doch nicht eintreten, um sich vermeintlich sicher zu fühlen?
- Oder gestatten Sie es sich, sich völlig auf das, was Sie gerade tun, einzulassen und in Ihrer Tätigkeit aufzugehen?

Thema Werten und Bewertung:

- Neigen Sie dazu, Menschen, Erlebnisse oder Dinge zu bewerten, in ein Schema einzuordnen und eine Schublade zu stecken?
- Oder akzeptieren Sie bei sich und bei anderen ein „So-Sein", ohne es direkt bewerten zu müssen? Können Sie damit umgehen, dass eigentlich alles immer im Fluss ist (auch wir Menschen)? Macht Ihnen Loslassen wenig Mühe?

Thema Entscheidungen:

- Was treibt Sie an bei Ihren Entscheidungen? Orientieren Sie sich stark an Konventionen oder der Meinung anderer? Achten Sie darauf, nicht „aus der Reihe zu tanzen", nicht aufzufallen und sich stets auf einer allgemein akzeptierten Basis zu bewegen?
- Oder fühlen Sie sich frei und stark genug, das zu entscheiden und zu tun, was Sie möchten? Haben Sie den Mut, auch damit mal gegen den Strom zu schwimmen?

Ein kindliches Ritual für jeden Tag

▶ Schalten Sie Ihr Hirn, Ihren Kopf jeden Tag kurzzeitig völlig aus! Keine Regeln, keine Beschränkungen, kein „Aber" und keine Zweifel sind in diesem geschützten Raum Ihres persönlichen Rituals zugelassen. Versuchen Sie, das Kommando für mindestens sieben tiefe Atemzüge (und wenn es Ihnen gelingt, nach und nach auch für länger) komplett an Ihr Herz und an Ihren Bauch abzugeben. Dann sind Sie zu hundert Prozent bedingungslos im Jetzt und tummeln sich nur auf Ihrer ganz persönlichen Spielwiese. Dabei nehmen Sie alles über möglichst viele Sinneskanäle extrem scharf wahr – und zwar völlig wertfrei. Für Sie ist das, was Sie im Moment wahrnehmen – fühlen, hören, schmecken, riechen und sehen – das Paradies! Ihr Kopf hat dazu nichts mehr zu sagen.

▶ Je intensiver Sie das üben, desto leichter und länger geraten Sie in einen Flow-Zustand. Ihr System wird von Glückshormonen geflutet! Jeder Moment ist so unendlich wertvoll, wenn Sie dieses Ritual leben können und Ihre eigene Glücks-Spielwiese finden. Je länger Sie das schaffen, je mehr Sie diesen Zustand wirklich erreichen wollen, desto länger dauert jeden Tag der beste Urlaub, den Sie machen werden. Sie sollten sich das gönnen – Sie dürfen öfter mal einfach nur exzessiv glücklich sein!

Mein Autorenkollege Matthew Mockridge hat das Ziel dieser Übung wunderschön auf den Punkt gebracht: „Das Kind in Dir kennt die Antworten, weiß, was richtig und was falsch ist. Träumt riesige Träume und hält nichts für unmöglich. Verbinde Dich immer wieder mit dem Kind in Dir und vergiss niemals die furchtlose Leichtigkeit, mit der das Kind in Dir durchs Leben fliegt" (Mockridge, 2016, S. 208).

Der selbstbestimmte Unternehmer als Schlüsselfigur

Richten wir den Fokus wieder auf die Businesswelt und die weiteren Zusammenhänge, die Sie „selbstbestimmt erfolgreich" machen werden. Um die „Humbition" zu leben, brauchen Sie einerseits die durch das „Lego-Prinzip" verdeutlichte innere Haltung. Aber das allein reicht nicht. Andererseits benötigen Sie auch Strategien, die Ihnen helfen, im Außen, in Ihrem Markt und bei Ihren Kunden zu bestehen.

Als selbstbestimmter Unternehmer sind Sie mit Ihrer Haltung der „Humbition" das Gesicht Ihres Unternehmens nach außen hin. Denn Sie sind die *Schlüsselfigur* in Ihrem Unternehmen, und für eine positive Außenwirkung müssen Sie eine starke Präsenz aufbauen und zeigen. Wenn Sie als Schlüsselfigur nicht präsent sind, fehlt dem ganzen Unternehmen das Herzblut, der Sauerstoff, die Essenz. So funktioniert auch das Konzept meiner Apotheke: Ich „zeige Gesicht", in bestimmten Medien, auf meinem Youtube-Kanal, bei meinen Informationsabenden in der Apotheke und bei meinen Vorträgen. Dabei aber bleibe ich in der „Humbition". Ich betreibe keine Selbstdarstellung, sondern achte darauf, dass mein Erscheinen mit einem Nutzen für meine Zielgruppe verbunden ist, wenn ich meine Botschaft in die Welt trage.

Wenn Sie zur Schlüsselfigur und zum Gesicht Ihres Unternehmens werden, dann assoziieren Ihre Kunden Sie automatisch mit Ihrem Unternehmen – die Beziehung wird dadurch schon ein Stück persönlicher und Ihre Leistung oder Ihr Produkt sind weniger austauschbar. In meinem Fall funktioniert das sogar besonders gut, weil der unterschwellige Respekt vor den Berufen „im weißen Kittel", also vor Ärzten und Apothekern, noch immer latent bei vielen Menschen vorhanden ist. Gleichzeitig habe ich bei mehr als 19.000 Apotheken in Deutschland aber auch gar keine andere Wahl, als mein Gesicht zu zeigen und meine

Wider die Austauschbarkeit

persönliche Unternehmerhaut zu Markte zu tragen! Sonst wäre ich genau so austauschbar wie mindestens 99 Prozent all meiner Wettbewerber – weißer Kittel hin oder her.

Was passiert noch, wenn ich „Gesicht zeige"? In meinem Fach entwickle ich in den Augen der Kunden, der Zuhörer bei den Vorträgen und in meinen Internet-Videos als Person eine *Expertise* zu meinen Themen und werde dementsprechend wahrgenommen. Ich bin als Apotheker in einer besseren Ausgangsposition, wenn ich der „Homöopathie-Experte mit der eigenen Komplexmittel-Linie" bin, als wenn ich mich freiwillig zum Thekensteher des letzten „Außenpostens der Pharmaindustrie vor dem Endkunden" mache und nur hinter dem Tresen „Dienst nach Vorschrift" absolviere. Gesicht zu zeigen ist, wie gesagt, für mich als Apotheker recht einfach, funktioniert aber garantiert auch bei Ihnen, wenn Sie in einer ganz anderen Branche tätig sind! Sie allein entscheiden, ob Sie der „Sanitär-Fuzzi" aus der Nachbarschaft oder der „Experte für ein warmes Zuhause mit Wohnkomfort" sind.

Sie merken schon, das Thema des Unternehmers als „Schlüsselfigur" ist ein weiteres Herzensanliegen von mir. Auf den Trichter gebracht hat mich mein Autorenkollege Daniel Priestley, der ein Fünf-Stufen-Programm entwickelt hat, mit dem jeder Unternehmer zu einer „Key Person of Influence" (KPI), also zu einer „Schlüsselfigur" werden kann. Priestley selbst hat es angewandt, als er sich mit seinem Beratungsgeschäft neu in London etablieren wollte, und war binnen anderthalb Jahren erfolgreich. Und das, obwohl ihm jeder sagte, es dauere in dieser Stadt mindestens zehn Jahre, um in die „entscheidenden Kreise" vorzustoßen und wahrgenommen, geschweige denn anerkannt, zu werden.

Was ist eine KPI? Seinen „Schlüsselbegriff" (KPI) nutzt Priestley für ein Wortspiel, denn in der Betriebswirtschaftslehre ist ein „KPI" eigentlich ein „Key Performance Indicator". Und das ist der Ausdruck für ein Benchmark, an dem ein Unternehmen sich mit anderen vergleicht. Die Analogie beim Übertragen dieses Zusammenhangs auf Menschen ist die, dass eine „Key Person of Influence" (wie es bei Priestley heißt) einen Standard setzt, der andere inspiriert. Wenn Sie es schaffen, eine solche „KPI" zu werden, dann werden die Menschen, Ihre Kunden, Sie mit dem Grad an Performance, an dem sie sich orientieren wollen, verbinden (Priestley, 2014, S. 53). Wow! Das klingt nach einem tragfähigen Rezept! Aber wir werden sehen, dass es sich vor allem um ganz konkrete und gut umsetzbare Maßnahmen handelt.

In Zeiten der digitalen Disruption und blitzschneller Veränderungen, die ganze Geschäftszweige hinwegfegen oder „zwangsumbauen" (Stichwort: Taxen und die Uber-App), ist auch Ihr Geschäft heute nicht mehr sicher. Die Geschwindigkeit, mit der die Veränderungen ablaufen, führt dazu, dass Sie Ihr Business konstant anpassen oder sogar neu erfinden müssen. Sie brauchen also einen Plan. Wenn Sie den nicht haben, werden Sie übernommen von denen, die einen haben, und manövrieren sich ins Aus. Wenn Sie diesen Gedanken, dass es keine Sicherheit gibt und dass sich auch im Mittelstand und bei den KMU die Dinge substanziell und schnell ändern, konsequent zu Ende denken, dann ist doch die Frage: Wodurch gewinnen Sie denn heute noch Sicherheit und Gewissheit? Da kommen Priestley und der Status als KPI, als „Schlüsselfigur", wieder ins Spiel (Priestley, 2014, S. 29): *Sie müssen als Person zur Marke werden!*

Ihr immaterieller, sehr wichtiger Vermögenswert und Stabilitätsfaktor ist nämlich die Anzahl der Leute, die Sie kennt, Sie mag und Ihnen vertraut. In Zukunft werden Sie gemessen werden an Ihrer Expertise, an Ihrer Autorität, an Ihrer Ausstrahlung und an Ihrer speziellen und ganz besonderen Art, Dinge anzugehen. Es ist eben heute nicht mehr genug, nur Service zu einem fairen Preis anzubieten. Sie müssen eine (persönliche) Marke aufbauen, geistiges Eigentum entwickeln, Geschichten sammeln und dann die so erworbene Führerschaft innerhalb Ihrer Nische behaupten (Priestley, 2014, S. 30).

Expertise und Autorität aufbauen

Bruno berichtet

Diese Lektion in selbstbestimmtem Unternehmertum hat mein Boss besonders gründlich verinnerlicht. Bei uns in der Apotheke gibt es einmal monatlich abends kostenlose Vorträge zu wechselnden, aber immer wichtigen Gesundheitsthemen, z. B. „Rückenschmerzen": Welche Mittel können die Kunden nehmen, wie verhalten sie sich am besten bei diesen Schmerzen?
Jan Reuter oder auch kompetente Gastredner aus der Branche halten diese Vorträge. Und dann hält Jan auch regelmäßig als Speaker Vorträge außer Haus, z. b. bei klassischen Pharmaunternehmen oder bei „alternativen" Gesundheitsbetrieben (wie D.H.U.) oder auch bei der Polizei und Verkehrswacht (z. B. zum Thema „Medikamente und Straßenverkehr").

Also: Machen Sie sich „öffentlich", damit Sie gehört werden. Aber Vorsicht, hier kommt wieder die „Humbition" ins Spiel: Ihre Kunden sind anspruchsvoll. Sie merken, wenn ihnen nur „heiße Luft" und eitle Selbstbeweihräucherung ins Gesicht pusten. Geschäfte machen darum nicht die, die wissen, wie ein Mikrofon funktioniert, sondern die, die wissen, wie man singt. Ein schlechter Sänger wird nämlich durch ein Mikrofon nur ein lauter Sänger, aber kein guter. Heute sind das Internet und die Social Media unsere „Mikrofone". Wenn Sie also Ihre Botschaft in die Welt tragen, etwa per Xing, Facebook, Youtube, Twitter oder in einem Blog, dann wird eine langweilige Nachricht online bestenfalls ignoriert. Ein geschmackloser Upload kann sogar einen Shitstorm auslösen und Sie jahrelang verfolgen (Priestley, 2014, S. 39). Relevanter und nutzwertiger Inhalt für die Zielgruppe sind unerlässlich!

Jetzt zu dem versprochenen „Plan" in fünf Stufen, dem „5P-Plan", mit dem Sie zu einer KPI, zu der *Schlüsselfigur* für Ihr Unternehmen, werden. Sie brauchen dafür

- einen Pitch,
- Publikationen,
- eine clevere Produktauswahl,
- ein klares Profil und
- florierende Partnerschaften (Priestley, 2014, S. 65).

Füllen wir die einzelnen Punkte des Plans mit Leben:

1. Der perfekte Pitch

In Ihrem Pitch fassen Sie als KPI Ihre Botschaft (die Botschaft Ihres Unternehmens) und das, was Sie tun, mit Power und Klarheit zusammen. Sie kommunizieren Ihre Fähigkeit(en), Ihren Wert und Ihre Einzigartigkeit durch das gesprochene Wort. Ein guter Pitch sollte nicht länger als 45 Sekunden bis zwei Minuten dauern. Um ihn auf diese Länge zu kürzen, muss man meist eine Weile feilen, denn fast immer ist es einfacher, mehr zu sagen als weniger. In seiner größten Zuspitzung ist er beinahe wie ein Slogan. Ein Pitch sollte Interesse und Neugier beim Zuhörer wecken.

Die emotionale Wirkung eines guten Pitchs ist enorm. Denken Sie an Martin Luther King und seine berühmteste Rede: „I have a dream". Das war ein extrem guter „politischer Pitch". Auch bei meinen Vorträgen erlebe ich es immer wieder: Wenn es mir gelingt, meine Botschaft kraftvoll und mit echtem Gefühl rüberzubringen, werde ich nachher belagert und viele, viele Zuhörer möchten meine Visitenkarte mit nach Hause nehmen. Als Folge eines Pitches werden sich Unterstützer zu Ihren Projekten melden und Sie werden mit Gelegenheiten und Business-Angeboten überschwemmt werden!

Botschaft kraftvoll rüberbringen

Drei Tipps für Ihren perfekten Pitch

▶ **Stellen Sie den Kundennutzen in den Vordergrund!**
In Ihrem Pitch müssen der Nutzen und der Vorteil Ihres Unternehmens, Ihres Produktes oder Ihrer Dienstleistung für die zuhörende Person im Vordergrund stehen. Viel zu viele Leute sprechen über das, was *sie* tun, worin *sie* gut sind, worin *sie* Erfahrungen haben oder wofür *sie* qualifiziert sind. All das ist irrelevant, wenn Sie es nicht in einen Vorteil für den Zuhörer, für Ihre Zielgruppe ummünzen können! Am besten verbinden Sie Ihr Produkt im Pitch emotional zusätzlich mit einem klassischerweise hoch bewerteten Nutzen: mit mehr Geld, mit mehr Zeit oder mit einer höheren Lebensqualität. Seien Sie dabei so spezifisch wie möglich und lassen Sie durchblicken, wie Sie den Wert für den anderen schaffen: Bieten Sie ein Konsumprodukt, eine Dienstleistung, eine Mitgliedschaft, ein Trainingsprogramm, eine Website oder etwas anderes? (Priestley, 2014, S. 87f.)

▶ **Kommunizieren Sie Ihr Warum!**
Ihr perfekter Pitch muss Ihr Warum als Unternehmer enthalten, denn es ist Ihr Kompass und der Grund, warum Sie jeden Tag aufstehen. Richard Branson etwa hat ein ganz großes Warum, dass er in seinem Pitch so formuliert: „... alt eingesessene Branchen wachrütteln und Kunden angenehmere Erfahrungen ermöglichen." Seine Firma Virgin liefert dazu drei Hauptnutzenversprechen: Kunden immer einen besseren Deal anzubieten, jeden Service angenehm oder sogar lustig zu machen und die Kundenbedürfnisse um (fast) jeden Preis zu verteidigen. Branson hält Wort und schafft das alles durch Züge, Flugzeuge, Kreditkarten, Telefone, Festivals ... und auf 150 weitere verschiedene Produktarten (Priestley, 2014, S. 88).

▶ **Legen Sie sich in Ihrem Pitch auf Ihre Nische fest!**
Dass eine spitze Positionierung ein Kernfaktor Ihres Erfolgs als
Unternehmer ist, werden wir in Kapitel 4 ausführlich bespre-
chen. Darum hier etwas verkürzt: Sie müssen mit Ihrem Produkt oder Ihrer Dienstleistung eine klar definierte und eingegrenzte Nische bzw. Marktlücke bedienen. Oft scheint es
sicherer zu sein, sich nicht festzulegen, offen, allgemein und
unspezifisch zu bleiben und möglichst viele Bedürfnisse vieler
unterschiedlicher Kunden zu bedienen. Sie gewinnen jedoch
an Zugkraft, wenn Sie sich eng, bleistiftspitz, spezialisieren
und genau das in Ihrem Pitch nach vorne bringen (Priestley,
2014, S. 78)! Dabei wirken Sie besonders glaubhaft, wenn Sie
eine Nische wählen, mit der Sie sich persönlich identifizieren.

2. Publikationen

Teil zwei des „KPI-Plans" dreht sich um Ihre Publikationen, darum, dass Sie publizieren sollten, um als Experte wahrgenommen zu werden. Denn nur publizierter Content *mit Nutzen für
die Zielgruppe* erschafft Eigentum und Autorität in der gewählten
Nische. Gute, amüsante und am Kundennutzen orientierte Tex-
te machen Sie für Ihre Zielgruppe attraktiver als alles andere und
jeden anderen in Ihrem Bereich. Darüber hinaus schärft es Ihre
Kommunikationsfähigkeiten, entwickelt Ihre Haltung zu jedem
relevanten Thema und hilft Ihnen, Trends im Denken aufzugreifen (Priestley, 2014, S. 63).

Die Qualität Ihrer Inhalte und die Mühe, die Sie darauf investieren, sagen viel über Sie aus. Ein Buch zu Ihrem Kernthema etwa kommuniziert, dass Sie Expertise besitzen. Content, den Sie
online publizieren, erlaubt es den Menschen, Ihre Ideen überall
zu lesen und Ihre Story kennenzulernen. Mit solchen Mitteln ermöglichen Sie Ihren Kunden eine Informationsaufnahme zu Ihren speziellen Themen, ohne dass Sie sich dafür persönlich kennen müssen.

Nutzenorientierter
Content

Online-Content in jeder Form – gleich ob als Video, Podcast oder Text-Blog – wird in wachsendem Maße nachgefragt, da das Internet heute die erste Anlaufstelle für Informationen, Anregungen und Hilfen für Problemlösungen aller Art ist. Viele der weltgrößten Unternehmen starteten damit, Content zu publizieren. Die Gründer von Twitter etwa waren ursprünglich Blogger und Autoren und verbreiteten ihre Ideen über die Zukunft von Social Media im Netz, bevor sie ihre Plattform entwickelten. Bill Gates schrieb Artikel für lokale Computerclubs und zog auf diese Weise die ersten Talente für Microsoft an (Priestley, 2014, S. 97).

3. Clevere Produktauswahl

Wenn Sie „Ihr eigenes Produkt sind", also ein Freelancer oder Solopreneur, der nach Stunden und auf Zeit bezahlt wird, haben Sie ein grundsätzliches Problem. Sie können eigentlich nur ein Drittel des Tages produktiv (= in abzurechnenden Stunden) arbeiten und immer nur an einem Ort zu einer Zeit sein. Das setzt Ihnen Einkommensgrenzen! Produkte hingegen sind nicht an solche Grenzen gebunden und werden Sie befreien, weil Sie sie 24 Stunden pro Tag und sieben Tage die Woche verkaufen und sie in die ganze Welt liefern können. Deshalb sollten Sie unbedingt ein skalierbares Produkt kreieren!

Digitale Produkte liegen im Trend und sind verhältnismäßig einfach zu entwickeln. Ein solches Produkt kann zum Beispiel ein Online-Tool mit speziellem Nutzen für Ihre Zielgruppe sein. Das ist auch eine der besten Arten, Ideen mit einer großen Anzahl an Leuten in effektiver Weise zu teilen, denn Online-Tools haben zusätzlich zu ihrem Produktcharakter noch den Vorteil, ein Mittel der Kommunikation zu sein, an der die Verbraucher teilnehmen (Priestley, 2014, S. 115).

Ein erfolgreiches Produkt-Ökosystem macht Sie als KPI erfolgreicher als ein allein stehendes Produkt. Ein solches Okösystem ist wie ein gepflegter Garten: mit attraktiver Blumen- und Pflanzenauswahl, aber mit gezieltem Beschnitt aller Gewächse statt mit wild wucherndem Unkraut, das alles überlagert. Das heißt im Klartext: kein Wildwuchs von Produkten oder Produktlinien! Nivea oder andere Konzerne machen oft den Fehler, ihre Produktlinien unkontrolliert auszuweiten: Die Handcreme kennt natürlich jeder. Aber aus der Nivea-Creme ist inzwischen ein ganzes „Nivea-Arsenal" geworden: mit Nivea für Männer, Nivea Körperpflege, Nivea-Deos, Nivea-Haarpflege, einer Jugend-Linie, einer Anti-Aging-Linie usw. Am Ende weiß niemand mehr, wofür der Markenname „Nivea" eigentlich steht, denn alle Einzelprodukte gibt es auch von vielen anderen Marken. So wächst die Gefahr der Austauschbarkeit. Verzetteln Sie sich also nicht mit einer zu großen Sortimentsbreite oder -tiefe.

Wirklicher Einkommenszuwachs kommt von verschiedenen Produkten und Services, die sich ergänzen, zusammen wirken und ein sinnvolles Ganzes bilden. Mit „Ökosystemen" aus Produkten und Dienstleistungen wird immer der höchste Nutzen für den Kunden kreiert und das meiste Geld verdient. Ihr Geschäft wird dann abheben, wenn Sie einen Mix von Produkten und Services haben, die alle zusammenwirken, um den Wert für den Kunden und die Zielgruppe zu maximieren (Priestley, 2014, S. 113).

Ökosysteme aus Produkten und Dienstleistungen

„Freebies" für alle! Jeder Ihrer Kunden sollte mindestens ein kostenloses Produkt bekommen. In den nächsten zehn Jahren wird diejenige Person ihre jeweilige Branche dominieren, die fähig ist, mehr kostenlose und sinnvolle Produkte als die anderen zu entwickeln und an ihre Kunden zu geben. Die am schnellsten wachsenden Firmen seit dem Jahr 2000 sind diejenigen, die enormen Wert kostenlos geschaffen haben: zum Beispiel Google, Facebook, Twitter, LinkedIn (Priestley, 2014, S. 119).

4. Profil

Ihr erfolgreiches Profil resultiert aus der Fähigkeit, in Ihrer Branche bekannt und beliebt zu werden sowie Vertrauen zu genießen (Priestley, 2014, S. 64). Alle drei bisher beschriebenen Faktoren des „KPI-Plans" zahlen auf Ihr erfolgreiches Profil ein. Stimmen Pitch, Publikationen und Produkte, so sollten Sie anschließend daran arbeiten, nach außen „sichtbar" zu werden, vor allem online leicht und schnell auffindbar sein.

5. Partnerschaften

Und hier noch der fünfte Punkt des „KPI-Plans" – wiederum kurz und knackig, denn dem Thema „Partnerschaften" werden wir uns in Kapitel vier noch ausführlicher widmen: Gehen Sie produktive Kooperationen ein, denn durch solche Partnerschaften können Sie Ihren Zeitfaktor gemeinsam vervielfachen und sehr schnell außergewöhnliche Resultate erzielen! Idealerweise kooperieren Sie dabei mit Menschen, die selbst schon KPI sind (Priestley, 2014, S. 137) und entsprechende Autorität haben.

KPI zeichnen sich durch die Fähigkeit aus, Beziehungen strategisch einzugehen, sie zu strukturieren und sie zu behaupten. Wichtig ist dabei, dass diese Beziehungen allen Beteiligten nützen (Priestley, 2014, S. 65). Lieferanten zum Beispiel, die nur kommen, um einen als Kunden „einzufangen" und den Willen zur echten Kooperation mit beiderseitigem Nutzen nur vortäuschen, sind keine seriösen Kooperationspartner. Eine echte Partnerschaft zeichnet sich immer dadurch aus, dass beide Parteien davon in gleichem Maße profitieren (Priestley, 2014, S. 146).

Ins Handeln kommen

Fangen Sie mit Ihrem „Fünf-Stufen-Plan" einfach an! Warten Sie, nicht bis alle Ampeln auf „grün" stehen! Die Bedingungen zum Handeln werden niemals optimal sein. Es gibt niemals den richtigen Zeitpunkt. Aber es gibt immer Herausforderungen, die zu Ihrer Zeit, Ihrem Kapital und Ihrem Fokus passen. Und wenn etwas des Wegs kommt, von dem Sie wissen, dass Sie es tun sollten, dann tun Sie es – und erarbeiten Sie die Details unterwegs, anstatt gleich zu Anfang perfekt sein zu wollen (Priestley, 2014, S. 169f.).

Vergessen Sie unterwegs nicht die „Humbition"! Denken Sie daran: Der Fahrplan zum Erfolg ist zwar wichtig, aber wenn Sie alles nur aus Berechnung oder des Geldes wegen tun, gelingt es nicht so gut – und macht auch deutlich weniger Spaß! Und wenn Sie es dann geschafft haben, bleiben Sie bescheiden.

Vorbeugen statt heilen: Ihre Hausapotheke gegen Übermut und Größenwahn

„Der Tradition verpflichtet, an der Zukunft orientiert"

BEISPIEL

Eine Inspiration in Sachen „Humbition" ist mir immer wieder Carl Spengler: Arzt aus Leidenschaft, Querdenker, Grenzen-Sprenger und Menschenfreund. Ich habe einen ganz direkten Bezug zu ihm und seiner Leistung, denn er hat schon Anfang des 20. Jahrhunderts Ideen für Medikamente entwickelt, die heute aus meiner Apotheke nicht mehr wegzudenken sind. Dabei arbeitete er eng mit bekannten Größen wie den Nobelpreisträgern Robert Koch, Emil von Behring oder Paul Ehrlich zusammen. Die Bodenhaftung aber hat er nie verloren! Und er hat auch dann noch weiter „sein Ding" gemacht, als seine Ideen der homöopathischen Dosierungen später von Seiten der „hohen Herren Nobelpreisträger" unter Beschuss gerieten. Der Firma Spenglersan, die heute seine Produkte weiterentwickelt und vertreibt, bin ich sehr eng verbunden, denn auch da wird eine Kultur der „Humbition" gelebt.

Hausmittel 1: auf Warnschüsse hören

Kurzer Rückblick auf die Geschichte des „Riesenbauern" Hofreiter: Die KTG-Katastrophe war nicht seine erste Pleite; er hatte vorher schon mindestens drei Unternehmen in den Sand gesetzt. Trotzdem hat er „den Schuss nicht gehört", einfach so weitergemacht wie vorher und seine schlechten Gewohnheiten fortgesetzt. In der Apotheke höre ich manchmal Geschichten von Menschen, die zunächst leicht, dann schwerer und dann sehr schwer erkranken. Als würde ein Tumor zunächst den kleinen Finger, dann die Hand und dann den ganzen Arm befallen, wenn man immer nur an den Symptomen herumdoktert und nie das eigentlich Wichtige, die Botschaft des Körpers hinter der Krankheit, versteht und „behandelt".

Der Chef von Trigema, Wolfgang Grupp, hat dazu eine ganz klare Meinung: Wenn es in einem Unternehmen ein großes Problem gibt, dann liegt seit langem etwas falsch. Denn „alle großen Probleme haben mal als kleine Probleme angefangen", so Grupp (Prüfer, 2013). Deshalb sollte man sie lösen, solange sie noch klein sind. Und das heißt, auf Warnschüsse zu achten.

Hausmittel 2:
Routinen gegen die Routine entwickeln

Starre Denkgewohnheiten und Handlungsmuster machen uns unkreativ und führen uns nur dahin, dass wir eingefahrene Handlungen wiederholen und gedankenlos agieren (Zeug, 2013). Natürlich sind Gewohnheiten (über)lebenswichtig, weil unser Hirn sonst ständig reizgeflutet wäre. Aber zu viele oder schlechte Gewohnheiten lassen uns unsere Neugier, unsere Achtsamkeit und unsere Aufmerksamkeit verlieren. Ich nenne diese schlechten Routinen „Botox", denn sie lähmen uns! Unternehmen sind oft „süchtig" nach diesem Botox und können gar nicht genug regeln und reglementieren. Aber die Kehrseite der Medaille ist eben, dass Agilität und Flexibilität bei zu vielen festgefahrenen Verhaltensmustern auf der Strecke bleiben.

Entwickeln Sie ab und zu Routinen gegen die Routine, brechen Sie Muster, polen Sie den Usus um, stellen Sie habituelle Riten auf den Kopf – „den Trott mit Trotz brechen", wie ich gerne sagen. Erfinden Sie Gegengifte gegen zu viele starre Gewohnheiten!

Erstellen Sie eine Liste Ihrer eigenen Gewohnheiten. Seien Sie ehrlich zu sich selbst und erschrecken Sie nicht zu sehr darüber, wie sehr Sie schon ein „Gewohnheitstier" geworden sind. Lassen Sie sich nicht davon zusätzlich lähmen! Denn mit der Standortbestimmung können Sie nach und nach einfach mal eine kleine Gewohnheit ändern oder streichen. Oder eine neue einführen und sich darüber freuen. Vielleicht nicht mehr vier Tassen Kaffee am Tag trinken, sondern nur noch eine, zur Arbeit laufen, statt mit dem Auto zu fahren, einmal die Woche einen Querdenkertag einführen, mal selbst Ihr Geschäft putzen, anstatt es Ihrer Mitarbeiterin zu überlassen – was auch immer. So schaffen Sie es, das Gewohnte aus neuer Perspektive zu sehen. Den Fortschritt können Sie dokumentieren und daran wachsen, sich so motivieren und auf diese Weise einen Sog erzeugen. Und dann erst langsam, aber dann mit jedem Tag an Speed und Momentum gewinnen – und an geistiger Beweglichkeit.

Gewohnheiten ändern

Hausmittel 3:
mit anpacken und die Perspektive wechseln

Sie sind der Chef – dann haben Sie auch die Freiheit, in Ihrer Arbeit diese Art von geistiger Beweglichkeit umzusetzen und zu leben. Warum nicht ab und zu die „Hummeln im Hintern" ausleben und die Dinge selbst anpacken, die Sie sonst wegdelegieren? Mal die Perspektive der Mitarbeiter „live" erleben – und ihnen nachher „danke" sagen dafür, dass sie diese Jobs immer so gut regeln und managen? Herauskommen aus dem Elfenbeinturm und mit den Kunden sprechen, nach deren Zufriedenheit fragen, sich die Expertise dazu „aus erster Hand" holen – plus den Input, was Sie besser machen können. Und sich dann die Gretchenfrage stellen: Würde ich mir selbst diesen Auftrag erteilen? Wäre ich bereit, mir selbst meinen Preis zu bezahlen?

Hausmittel 4:
die Liste der Fragen mit Dauercharakter

Und es gibt noch mehr wertvolle Fragen für mehr „Humbition", sogar solche, die richtig ans „Eingemachte" gehen:

- Welches Erbe möchten Sie hinterlassen, menschlich und geschäftlich?
- Hinterlassen Sie Spuren? Wird man sich in zehn Tagen, zehn Wochen, zehn Monaten, zehn Jahren oder gar zehn Dekaden an Sie erinnern? An das, was Sie mit Ihrem Warum bewegt haben?
- Wenn Sie noch einen Tag zu leben hätten: Was hätten Sie noch tun wollen und was haben Sie nun unwiderruflich versäumt?
- Wenn jemand in 40 Jahren Ihre Enkel fragt, ob sich Ihr Leben gelohnt hat – was werden sie ihm sagen?

Hausmittel 5:
die Bereitschaft, unvoreingenommen zu lernen

Wenn ich Ihnen empfehle: „Gehen Sie zu McDonald's!", werden Sie mir wahrscheinlich voller Entrüstung antworten: „Dort esse ich nicht!". Gehen Sie trotzdem dorthin – und staunen Sie, was Sie dort alles lernen können. Denn niemand ist geschickter und hat mehr Input, wenn es um die wichtigen Themen Up- und Crossselling geht, als ausgerechnet McDonald's. Seien Sie bescheiden, deaktivieren Sie Ihre Vorurteile, machen Sie die Augen auf – und lernen Sie! Die kreativsten und bedeutendsten Ge-

schäfts- und Produktideen kommen oft von Branchenfremden, von Quer- und Seiteneinsteigern, die aufgrund fehlender Routinen „nicht wissen, dass es nicht funktionieren kann" und es gerade darum zum Funktionieren bringen, und zwar mit ihrer unvoreingenommenen Sichtweise.

Mehr sein als scheinen

Last but not least zum Ende dieses Kapitels zwei weitere Beispiele zum Thema „Unternehmertum und Humbition". Beide drehen sich um die Motivation, die einem selbstbestimmten Unternehmer-Sein zugrunde liegt oder eben völlig fehlt.

Ferrari statt Kundennutzen

BEISPIEL

Betrug, der über vermeintlich sichere Anlagen und ein sogenanntes „Schneeballsystem" läuft, ist nicht neu, funktioniert aber erstaunlicherweise immer wieder. Gutgläubige Anleger lassen sich von satten Renditeversprechen locken und geben betrügerischen Firmen ihr ganzes, mühsam erspartes Geld. Diese Anleger lösen ihre wirklich sicheren Anlagen für die Altersvorsorge (oft Lebens- oder Rentenversicherungen) zugunsten eines Luftschlosses auf. Das ganze System läuft meist eine Zeitlang gut, weil die Betrüger bei immer neu gewonnenen Anlegern die Rendite-Verbindlichkeiten gegenüber den „älteren" Anlegern aus den weiter zufließenden Geldern heraus bestreiten können. Meist versiegt die Geldquelle nach ein paar Jahren oder wird zu einem immer kleineren Rinnsal, weil keine neuen oder immer weniger neue Gutgläubige auf den Zug aufspringen. Dann fliegt der Betrug auf, weil die Anlagefirma ihren Verpflichtungen nicht mehr nachkommen kann. Die Verantwortlichen gehen vor Gericht, aber die Anleger schauen in die Röhre: Ihr Geld ist weg. Bei den Betrügern ist meist nichts mehr zu holen, weil sie sich aus der Substanz großzügig bedient und ihren luxuriösen Lebensstil mit den Spargroschen der Kleinanleger finanziert haben.

Was mich hier aber vor allem interessiert, ist, was die Betrüger motiviert und wieso Menschen auf sie hereinfallen. Die zwei jungen Männer, um die es hier geht (ihre Namen möchte ich nicht nennen, sie stehen stellvertretend für viele ähnlich agierende Finanzbetrüger), haben den Betrug so „professionell" aufgezogen, dass sie damit einige Jahre lang durchgekommen sind, obwohl sie das Geld ihrer Kunden für Luxusgüter, dicke Autos wie Ferraris und Lamborghinis, Lifestyle-Reisen nach Dubai oder Las Vegas und High-Society-Partys aus dem Fenster geworfen haben. Geld spielte „keine Rolex".

Die erste und einzige Motivation der beiden Betrüger war immer das Geldverdienen; mit Kundennutzen oder auch nur mit Gewissensbissen hatten sie nichts zu tun. So rutschten sie nach und nach von einem legalen Unternehmertum, dem Handel mit Immobilien aus Zwangsversteigerungen, in das illegale Betätigungsfeld des Anlagebetrugs ab und errichteten ein undurchsichtiges Firmenkonglomerat mit 150 Unternehmen und rund 2200 Bankkonten. Mit diesem verzweigten „Imperium" legten sie dann angeblich „insolvenzsichere" Immobilienfonds mit einem sehr hohen Renditeversprechen als Lockvogel für die Kleinanleger auf.

Geld kann die innere Leere nicht füllen

Der darauffolgende „Goldrausch", als das betrügerische Erfolgsrezept zunächst aufging, war für die beiden jungen Männer jahrelang Motivation genug, alle ihre Kunden in sehr großem Stil über den Tisch zu ziehen. Für mich aber ist er lediglich Ausdruck einer großen inneren Leere, die stets aufs Neue mit materiellen Dingen gefüllt werden muss, um Langeweile und große innere Ängste im Zaum zu halten. Um das zu erreichen, zählten bei den beiden Betrügern eben nur die äußeren Werte.

Bezeichnenderweise bemaßen die beiden Betrüger vor Gericht ihre unternehmerischen Fortschritte in Autos — nicht in Kunden, Produkten oder in anderen geschäftstypischen Merkmalen. Gleich das erste verdiente Geld investierten sie nicht in die Firma, sondern in Statussymbole. Sechs Monate nach Geschäftsgründung kauften sie sich einen Porsche, später leasten sie den ersten Ferrari. „Überraschenderweise liefen unsere Geschäfte dann erst so richtig gut", so einer der beiden. „Mehrere Ferraris heben sichtbar die Stellung."

Die blendende Fassade mit Ferraris, einem luxuriösen Firmensitz und Büroräumen in einer Villa mit Gold verziertem Eingangsportal verfehlten nicht ihre Wirkung auf potenzielle Geldgeber. Diese ließen sich anscheinend auch nur zu gerne blenden und fühlten sich bei den Betrügern, die es so augenscheinlich und offensichtlich „geschafft hatten", gut aufgehoben. Die Betrüger fanden in vielen ihrer Anleger den kongenialen Gegenpol, nämlich Menschen, die willig waren, sich so umfassend blenden zu lassen – Menschen ohne Humbition, ohne Warum, genau wie sie selbst.

Leider ist es eine menschlich-allzumenschliche Neigung, uns von Geld und Statussymbolen beeindrucken zu lassen. Der Journalist Hans-Ulrich Jörges interviewte einmal den ehemaligen Vorstandsvorsitzenden der Deutschen Bank, Josef Ackermann, für das Magazin Stern und entlockte ihm eine dazu passende erstaunliche Information: „Ich habe Josef Ackermann einmal gefragt, […], warum er als reicher Mann überhaupt 14 Millionen verdienen müsse, warum es nicht auch sieben oder neun Millionen täten. Er brauche das Geld gar nicht, hat er geantwortet, er lebe bescheiden […], aber die ehrgeizigen jungen Leute in der Bank verlören ihre Motivation und den Respekt vor ihm, wenn er nicht nähme, was möglich sei" (Jörges, 2008).

Es ist ein bisschen wie im Märchen „Des Kaisers neue Kleider" von Hans Christian Andersen. Da geht es um einen geblendeten Herrscher, der sich von zwei Betrügern teure neue Kleider aufschwatzen lässt. Tatsächlich aber gibt es diese Kleider überhaupt nicht. Die Betrüger behaupten, es seien keine normalen Gewänder, sondern es könnten nur Menschen diese Kleider sehen, die „klug und ihres Amtes" würdig seien – die Betrüger blenden also mit etwas, das gar nicht existiert, und spielen gleichzeitig mit den Ängsten der Menschen. Da der Kaiser die Kleider selbst auch nicht sehen kann, ist er schwer verunsichert. Das will er aber nicht zugeben, denn schließlich möchte er ja nicht dastehen als einer, der

„dumm und seines Amtes unwürdig" ist. Und auch die Menschen, denen er seine neuen Kleider präsentiert, täuschen aus demselben Grund Enthusiasmus über die schönen Stoffe vor. So entsteht ein fataler, sich selbst fütternder Kreislauf. Bezeichnenderweise ist es im Märchen ein Kind, das diesen Teufelskreis durchbricht, den Schwindel auffliegen lässt und den Mut hat, bei einem Festumzug laut zu rufen: *„Aber der Kaiser hat ja gar nichts an!"* Hier haben wir wieder die bedingungslose Hingabe an die Wahrheit, die Kinder oft auszeichnet – Kindermund tut Wahrheit kund. Kindlich zu sein ist einfach das wirksamste Gegengift gegen Eitelkeit und Größenwahn.

Es geht auch ganz anders
Wir bleiben noch weiter beim Thema Ferrari – allerdings unter völlig anderem Vorzeichen. Haben wir gerade gesehen, wie skrupellose Betrüger sich auf Kosten von Kunden, die ihnen vertrauen, bereichern und sich von ihrem Gewinn dicke Autos kaufen, so taucht nun der Name „Ferrari" in einem anderen Kontext auf: Er stiftet Nutzen und rettet Leben!

BEISPIEL **Ein Boxenstopp rettet Leben**

Egal, ob Sie Formel-1-Fan sind oder nicht, Sie haben wahrscheinlich schon einmal im Fernsehen gesehen, wie ein Boxenstopp an einem Rennwochenende aussieht: Während rechts in Ihrem Monitor die Uhr mit den Hundertstelsekunden hektisch mitläuft, wechselt ein topp eingespieltes Mechaniker-Team in der Boxengasse am Boliden die Reifen und führt weitere Wartungen und Materialwechsel durch. Früher, als in der Formel 1 noch nachgetankt werden durfte, bestimmte die Dauer des Tankvorgangs die Gesamtdauer des Boxenstopps – das waren damals rund sieben Sekunden. Seit der Einführung des Nachtankverbots im Jahr 2009 aber scheinen der Prozessoptimierung und der Schnelligkeit der Teams in der Boxengasse keine Grenzen mehr gesetzt zu sein. Und da kommt nun Ferrari wieder ins Spiel: Der italienische Rennstall ist nämlich, was das angeht, der amtierende „Weltmeister" und schafft einen idealen Boxenstopp mit Reifenwechsel in nur 1,85 Sekunden (Wikipedia.de (2)).

Wie ist das möglich? Darauf gibt es nicht die eine Antwort, sondern das Erfolgsrezept ist eine Mischung aus Training, Training und nochmals Training sowie einer gehörigen Prise Prozessmanagement, absoluter Awareness, „bleistiftspitzer" Konzentration und punktgenauer Fitness. Denkt man ein kleines Stückchen weiter und über den Tellerrand hinaus, klingt das – ganz grundsätzlich – auch nach einem Procedere, das für Situationen, in denen es nicht „nur" um Reifenwechsel, sondern vielleicht um Leben und Tod geht, geeignet ist. Weil es eben so gut durchgeplant und immer wieder so intensiv geübt worden ist. Und da sind wir nun bei meinem Punkt angekommen: Das war nämlich genau die Erkenntnis, die zwei Chirurgen aus dem Great Ormond Street Hospital in London hatten, als sie sich an einem freien Tag zu einer gemütlichen Formel-1-Fernseh-Session trafen. Die Ärzte fühlten sich durch die in enormer Geschwindigkeit ausgeführten Boxenstopps des Rennens sehr stark an ihre Arbeitsroutine im OP bei der Herzchirugie erinnert – und hatten die Idee, ob sie, ihr Krankenhaus und ihre Patienten von diesem Formel-1-Procedere profitieren könnten (Förster / Kreuz, 2011).

Das Team von Ferrari reagierte sehr positiv auf die Anfrage aus England, und im nächsten Schritt besuchte eine Abordnung aus dem Krankenhaus Ferrari bei Trainings und beim folgenden Formel-1-Rennwochenende. Nach diesem Erlebnis an vorderster Front in der benzingeschwängerten Luft der Boxengasse waren die Ärzte und Verantwortlichen aus der Klinik mehr denn je davon überzeugt, das Richtige zu tun. Sie versorgten das Ferrari-Boxenteam im Nachgang mit Videoaufnahmen ihrer Arbeit im OP – mit der Bitte um Analyse und nützlichen Input (Sower / Duffy / Kohers, 2007).

Von den Besten lernen

Und der kam postwendend zurück: Das Ferrari-Boxenteam mit seinem unverstellten „branchenfremden" Blick auf die bestehenden Prozesse im Krankenhaus identifizierte nämlich sehr schnell eine der Hauptschwachstellen, an der das Leben der Patienten mehr als sonst in Gefahr war: die Verlegung vom OP-Saal zurück auf die Intensivstation. Die Mechaniker und Techniker gaben wertvolle Anregungen für anspruchsvollere Prozesse und noch besser choreographiertes Teamwork in dieser Phase. Entscheidend war außerdem der Vorschlag des Ferrari-Teams, dass jemand während der Übergabephase „den Hut aufhaben" müsse, also alles im

Blick behalten sowie die Verantwortung für den Patienten und die Richtigkeit aller Informationen und Versorgungsdetails übernehmen müsse. Und zwar bis zu dem Zeitpunkt, an dem der Patient offiziell in die Obhut der Stationsleitung der Intensivstation kommt. Diese Funktion fiel zukünftig dem Anästhesisten zu. Inspiriert wurde dieses Detail durch die Rolle des „Lollipop-Manns", der den Rennwagen beim Boxenstopp zentimetergenau in die Boxengasse winkt und den gesamten Pitstop koordiniert.

Was vielleicht nach einer zunächst abstrusen Idee klang, lieferte also äußerst handfesten Nutzen und hat inzwischen mehr als ein Leben gerettet. Denn mithilfe des neuen, unter der Mitarbeit des Ferrari-Teams entwickelten „Übergabeprotokolls", wurde die Leben gefährdende Fehlerquote in der Phase der Patienten-Verlegung von 30 Prozent auf zehn Prozent gesenkt!

Und da haben wieder die Erfolg versprechende und essenzielle Mischung aus Bescheidenheit und Ehrgeiz. Die beiden Ärzte aus dem Great Ormond hatten „Humbition"! Den gesunden Ehrgeiz, immer Neues zu lernen und ambitioniert zu sein, den Antrieb, sich nicht auf eventuellen Lorbeeren oder „guten" Ergebnissen auszuruhen, sondern sich ständig zu verbessern und Komplikationen durch Irrtümer nach den OPs nicht als selbstverständlich hinzunehmen. Und gleichzeitig die Bescheidenheit anzuerkennen, dass sie selbst bei den enorm hohen Sicherheitsstandards im Krankenhaus ganz sicher noch dazulernen könnten – auch von Mechanikern und Technikern. Davor habe ich Respekt und davor ziehe ich meinen Hut!

Ans Herz legen möchte ich Ihnen, das Gleiche zu tun und ebenfalls aus anderen Branchen, Geschäftsfeldern, Unternehmen usw. zu lernen, sich „abzugucken", wie man es effektiver, besser, kundenfreundlicher machen kann. Mit einer guten Idee, mit einer Prise Ehrgeiz plus Bodenhaftung, mit dem „Tellerrand-Blick" und einem pfiffigen Konzept sind auch Sie als Selbstständiger oder Inhaber eines kleinen KMU dabei. Schließlich bin ich, sind Sie, kein Groß-Klinikum und auch kein Boliden-Rennstall mit dem Image, der Stolz einer ganzen Nation zu sein.

Fazit

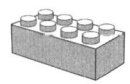

Die Zusammenfassung dieses Kapitels kommt in kleiner und homöopathischer Dosierung daher und bringt die Essenz nach so viel buntem Input auf den Punkt:

- Ehrgeiz ohne Bescheidenheit artet leicht in eitle Selbstdarstellung aus.
- Bescheidenheit ohne Ehrgeiz führt zur Angepasstheit ohne eigenes Profil.
- Ehrgeiz in Kombination mit Bescheidenheit führt Sie zum Erfolg!

Ein Wirkstoff fehlt noch: Zum Unternehmererfolg brauchen Sie zusätzlich die richtige Positionierung. Und wie Sie die bekommen, erfahren Sie jetzt in Kapitel 4.

4

Strategische Positionierung – eine pfeilspitze Angelegenheit

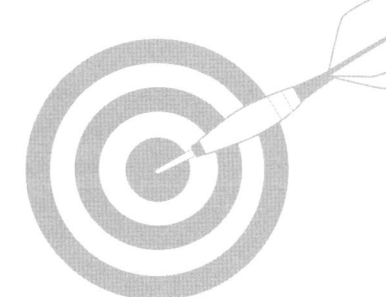

Brunos Beipackzettel:
Das Kapitel auf einen Blick

Wie Sie mit Ihrem Unternehmen garantiert im Mittelmaß stecken bleiben und ständig mit der Konkurrenz
im Nacken hart am Wind auf einem blutroten Ozean
segeln müssen. Das wirksame Gegenmittel zu diesem
Horrorszenario: eine Strategie, die in jedem selbstbestimmten Unternehmen wirkt und dazu führt, dass Ihre
Ozeane nur noch tiefblau und frei vom Wettbewerb sein
werden. Praktische Tipps mit positiven Nebenwirkungen
für Ihr Produkt-Ökosystem. Die Gestaltung einer erfolgreichen „Kundenreise" für und durch Ihr Unternehmen.
Und zuletzt wieder die geballte Erfolgs-Infusion mit
Beispielen für topp aufgestellte Unternehmer, die ihre
Zielgruppe samt Bedürfnissen fest im Griff haben.

Wenn der Durchschnitt das Maß aller Dinge ist

Wir springen nun mitten hinein in das lebenswichtige Thema, wie Sie sich und Ihr Unternehmen richtig positionieren. Ihr größter Feind dabei ist das Mittelmaß, die Austauschbarkeit. Wenn wir uns in diesem Bereich im Dunstkreis der Wettbewerber bewegen, sind wir im besten Fall guter Durchschnitt und damit letztendlich nicht mehr als das berüchtigte Mittelmaß.

Vergleichbarkeit führt zu Austauschbarkeit und zu Gleichgültigkeit bei Ihren Kunden – und früher oder später auch bei Ihnen selbst. Am Ende bleibt dann oft nur noch der Preis, über den Sie sich in dieser toten Grauzone vom Wettbewerb unterscheiden können. Das aber ist der Anfang vom Ende. Denn wer sich in dieses aufreibende Gefecht begibt, führt mit der Zeit immer härtere Preiskriege bei sinkenden Gewinnmargen.

In der Möbelbranche zum Beispiel rabattieren sich die Möbelhäuser zu Tode, weil sie ein sehr breites Sortiment fahren und sich dabei voneinander so wenig unterscheiden wie ein Ei vom anderen. Der Preiskrieg wird so zur Sucht, wie in Kapitel 1 dargestellt: Die Unternehmen denken, ein niedriger Preis sei lebensnotwendig. Dabei ist er nur eine schädliche Droge, die für eine begrenzte Zeit den Schmerz der Austauschbarkeit betäubt. Da niedrige Preise langfristig nicht die gewünschten Umsätze bringen, verlangen sie bald nach noch niedrigeren Preisen und machen süchtig wie Botox. Doch die Wirkung lässt schnell nach, so dass die nächste „Preisspritze" erforderlich wird, um den Umsatzschwund zu stoppen – ein Prozess ohne Ende.

Auf welchem Ozean segeln Sie? In ihrem Buch „Der blaue Ozean als Strategie" erklären die Autoren W. Chan Kim und Renée Mauborgne die Ursachen für Preiskriege dieser Art sehr schlüssig und leicht nachvollziehbar: Schon seit längerer Zeit gibt es diese ungute Entwicklung, dass sich Marken und Produkte in vielen Branchen immer ähnlicher werden. Deswegen treffen Verbraucher ihre Wahl zunehmend auf Grundlage des Preises. Im Gegensatz zu früher bestehen die Leute heute nicht mehr darauf, mit „Persil" zu waschen, sich mit „Colgate" die Zähne zu putzen und 30 Jahre nur „Opel" zu fahren. Die Markentreue ist generell auf dem Rückzug. Und in Branchen und Geschäftsfeldern, in denen sich die Konkurrenten gegenseitig auf die Füße treten, wird es für Unternehmen immer schwieriger, ihre eigenen Marken von denen der Konkurrenz abzuheben (Kim/Mauborgne, 2005, S.7f.). Solange ein Unternehmen aber nur das anbietet, was alle anderen auch anbieten, segelt es auf dem „roten Ozean", wo es sich mit großem und weiter wachsendem Wettbewerb konfrontiert sieht.

Ihr Denkansatz sollte sein: Was unternehme ich, um im Kopf meiner Kunden die Nummer eins zu sein? Und was unternehme ich, um die Nummer eins zu bleiben? Was macht mich oder meine Dienstleistung außergewöhnlich? Wie bin ich positioniert? Ich kann Sie nur ermutigen, der „toten Mitte" unbedingt zu entkommen! Sie müssen nicht unbedingt besser sein, sondern anders – es gibt eine Menge möglicher Wege, die Sie beschreiten können.

Denn die Eroberer der blauen Ozeane sind Firmen, die ihren eigenen Weg gehen, die dorthin segeln, wo es „nichts" gibt außer dem weiten Blick übers Meer zum Horizont – die eigene Märkte schaffen, neue Geschäftsfelder und Marktlücken auftun. Sie benutzen eben nicht die Konkurrenz als Bezugspunkt, sondern folgen einer anderen strategischen Logik, die man als „Nutzeninnovation" bezeichnen könnte. Das bedeutet, ihr Fokus liegt nicht darauf, die Konkurrenz zu schlagen, sondern darauf, ihr aus dem Weg zu gehen, in eine andere Richtung zu gehen.

Nicht der Konkurrenz, sondern der eigenen Logik folgen

Bei Nutzeninnovationen sind der Nutzen und die Innovation gleich wichtig. Nutzen ohne Innovation bedeutet meist eine Konzentration auf eine rein schrittweise Wertschöpfung, was zwar den Wert (und damit den Nutzen) verbessert, aber nicht ausreicht, damit ein Unternehmen in den Augen der Kunden besonders herausragt. Und Innovationen ohne Nutzen sind gewöhnlich technologiebasiert oder -verliebt, futuristisch oder reines Marktpioniertum und schießen oft über das hinaus, was der Käufer zu akzeptieren und zu bezahlen bereit ist. Nur die Verknüpfung von beidem, von Nutzen und Innovation, führt also zum Ziel, der Erste im Kopf seiner Zielgruppe zu werden (Kim/ Mauborgne, 2005, S.12).

Rote Ozeane	Blaue Ozeane
Wettbewerb im vorhandenen Markt	Schaffung neuer Märkte, Entdecken cleverer Marktnischen
Die Konkurrenz schlagen, überbieten oder nachahmen	Der Konkurrenz ausweichen
Die existierende Nachfrage nutzen	Die latente Nachfrage erfassen und bedienen
Tendenz zum Bauchladen-Anbieter („alles für jeden")	Spitze Positionierung („etwas ganz Bestimmtes für eine spezielle Zielgruppe")

Früher war Positionierung Luxus – heute ist Positionierung lebensnotwendig. Es ist als Unternehmer wirklich und wahrhaftig existenzbedrohend, sich *nicht* eindeutig und klar zu positionieren, so dass den Kunden klar ist, wofür das Unternehmen steht. Und lebensgefährlich ist es ebenfalls, sich *falsch* zu positionieren. Dazu eine wunderbare kleine Geschichte mit Schmunzeleffekt:

Cleverness siegt

Ein alter Araber lebt seit über 40 Jahren in Chicago in einem kleinen Häuschen am Stadtrand. Er würde gerne in seinem Garten wieder Kartoffeln anpflanzen, aber er ist alt, schwach und kann die Schaufel nicht mehr so mühelos schwingen, wie es zum Umgraben und Einpflanzen nötig wäre. Deshalb schreibt er eine E-Mail über den „großen Teich" an seinen Sohn, der in London studiert: „Lieber Ahmed, ich bin sehr traurig, weil ich in meinem Garten keine Kartoffeln mehr pflanzen kann. Ich bin sicher, wenn Du hier wärst, könntest Du mir helfen, den Garten umzugraben. In Liebe, Dein Vater." Prompt schreibt Ahmed zurück: „Lieber Vater, bitte rühre auf keinen Fall irgendetwas im Garten an – und grabe schon gar nicht die Beete um. Dort habe ich nämlich ‚die Sache' versteckt. In Liebe, Dein Sohn Ahmed."

Nur Stunden später umstellen die US Army, die Marines mit Spezialeinheiten, das FBI und die CIA das Haus des alten Mannes in Chicago. Sie nehmen den Garten komplett auseinander, graben tief und noch tiefer, suchen jeden Millimeter ab und finden – nichts. Enttäuscht ziehen sie wieder ab. Am selben Abend erhält der alte Mann eine E-Mail von seinem Sohn: „Lieber Vater, ich nehme an, dass der Garten jetzt komplett umgegraben ist und Du Deine Kartoffeln pflanzen kannst. Mehr konnte ich für Dich nicht tun. In Liebe, Dein Sohn Ahmed."

Man kann es sich schwer machen im Leben oder man macht es so clever wie Ahmed, indem man fremdes Wasser auf die eigenen Mühlen lenkt. Schlau und mehr als effektiv: positioniert als Experte für „passive Gartenarbeit" mit einer tollen Idee, garantiert einzigartig und topp darin, das Bedürfnis seiner Zielgruppe zu bedienen!

Positionieren Sie sich bei aller Nutzenfokussierung und allen Innovationen bitte auch so spitz wie nur irgendwie möglich – so spitz wie ein angespitzter Bleistift, so treffsicher wie ein Pfeil, der auf einem Dartboard ins Schwarze trifft. Kein Mensch, kein Kunde nimmt Ihnen ab, dass Sie „alles" können und das auch

Spitz positionieren

noch gleichermaßen gut. Auch nicht, wenn Sie Vorzeigeunternehmer und Chef einer der größten Drogerieketten in Deutschland sind. Lesen Sie, wie Dirk Rossmann seine Lektion der spitzen Positionierung gelernt hat – und warum er sich seit vielen Jahren nur noch auf sein Kerngeschäft fokussiert:

BEISPIEL ## Dirk Rossmann: Wer erfolgreich sein will, darf sich nicht verzetteln

2016 ließ Dirk Rossmann, Gründer und Chef der erfolgreichen Drogeriekette, zu seinem 70. Geburtstag einen Blick hinter seine ganz persönlichen Kulissen zu. Erstaunliches trat dabei zutage: In einem Interview des Unternehmermagazins „Impulse" (Förster, 2016) gestand er, in den 1990er-Jahren sein ganzes Imperium aufs Spiel gesetzt zu haben: Er eröffnete gleich zwei „Nebenkriegsschauplätze", statt sich auf sein Kerngeschäft zu konzentrieren. Einerseits führte er Hunderte von Prozessen gegen Luxushersteller von Parfüm und Kosmetika – mit dem Ziel durchzusetzen, dass die Rossmann-Märkte mit den „großen" Marken direkt beliefert werden könnten. Dabei ging Rossmann durch alle Instanzen, bis zum Bundesgerichtshof, und band so einen großen Teil seiner Energien in diesem Kampf.

Andererseits spekulierte er leidenschaftlich an der Börse. Schon als jüngerer Mann war er zum „Gambler" geworden und hatte viel Lust am Spielen. Mit bis zu dreistelligen Millionenbeträgen agierte er am Aktienmarkt – und das ohne viel Eigenkapital. 1997 stiegen Rossmanns Banken aus dem Spiel aus. Nachdem die Drogeriemärkte 1996 sechs Millionen D-Mark Verlust gemacht hatten, signalisierten die Banken, dass sie nicht mehr mitmachten. Heute sieht Rossmann diesen Engpass als den positiven Wendepunkt in seinem Leben: Er verkaufte alle Aktien und konzentrierte sich ganz auf die Drogeriemärkte. Seitdem wächst das Unternehmen seit nunmehr zwölf Jahren zweistellig bei Umsatz und Gewinn. „Bei den Drogeriemärkten will ich nicht einer von vielen sein, sondern ganz oben mitspielen. Das ist das Feld, auf dem ich wirklich kompetent bin. Es hat also bis zu meinem 50. Lebensjahr gedauert, bis ich erkannte: Es ist besser, nur auf ein Pferd zu setzen, als Unmögliches mit der Brechstange erzwingen zu wollen" (Förster, 2016).

Positionierung ist eben eine pfeilspitze Angelegenheit! Das bedeutet: alles Überflüssige wegzulassen, um sich auf das zu konzentrieren, was wirklich wichtig ist, und keine Nebenkriegsschauplätze gegen Konkurrenten oder Lieferanten zu eröffnen, die nur Zeit und Geld kosten, aber letztlich unproduktiv sind.

Dazu eine kleine Checkliste der ganz besonderen Art für Sie. Die beiden Innovatoren, Querdenker und Vortragsredner Anja Förster und Peter Kreuz haben die schöne Tradition der „Not-to-do"-Liste begründet, die ich hier auf meine ganz eigene Art aufgreifen möchte: Zehn Tipps, die Sie *unbedingt* befolgen sollten, wenn Sie für immer im Mittelmaß stecken bleiben wollen!

Zehn bombensichere Tipps für Ihr ganz persönliches Mittelmaß

1. Hinterfragen Sie nie Autoritäten und Institutionen. Die wissen alles und vor allem wissen sie es besser als Sie.
2. Glaube Sie immer alles, was Ihnen Ihr Gegenüber ins Gesicht sagt.
3. Bereisen Sie nicht die Welt – das ist viel zu gefährlich. Ihr Aktionsradius sollte maximal bis nach Mallorca reichen.
4. Lernen Sie nie eine Fremdsprache (auf Malle spricht sowie jeder Deutsch).
5. Besuchen Sie die Universität, weil es von Ihnen erwartet wird – nicht, weil Sie etwas lernen möchten. Denn ein Warum ist völlig überflüssig.
6. Denken Sie darüber nach, Ihr Unternehmen besser aufzustellen – und dann vergessen Sie es gleich wieder.

7. Denken Sie darüber nach, Ihr Marketing auf Vordermann zu bringen – und vergessen Sie es ebenfalls gleich wieder.
8. Nehmen Sie den höchstmöglichen Kredit auf und zahlen Sie ihn in drei Jahrzehnten brav an die Bank ab.
9. Arbeiten Sie in Ihrem Unternehmen in 80 Stunden das ab, was Sie in 35 Stunden auch locker schaffen könnten (wenn Sie spitz positioniert und selbstbestimmt wären).
10. Haben Sie niemals eine eigene Meinung – glauben Sie, was die Konkurrenz über Märkte, Produkte und Kunden sagt.

Die beste Strategie ist auf den Engpass konzentriert

Hand aufs Herz: Sind Sie mitten drin im Mittelmaß? Segeln Sie mit Ihrem Unternehmen auf einem blutroten Ozean? Sollte das der Fall sein, werden Sie in diesem Kapitel mit der EKS® ein Heilmittel bekommen, um die Farbe Ihres Unternehmens-Ozeans in blau zu verwandeln. Aber auch, wenn Sie schon in tiefblauen Gewässern unterwegs sind, lohnt es sich, Ihre Positionierungsstrategie regelmäßig sorgfältig anzuschauen und sie zu überarbeiten oder anzupassen – weil die Märkte so stark im Umbruch sind und den letzten immer die Hunde beißen!

Was ist die EKS? Warum sind manche Unternehmen erfolgreich, selbst unter harten oder härtesten Wettbewerbsbedingungen, während andere immer nur „kämpfen" und nicht vorankommen? Was unterscheidet die Erfolgreichen von denen, die im Mainstream mitschwimmen und es immer „so gerade" schaffen, zu überleben und den Laden nicht dichtmachen zu müssen? Das waren die Fragen, die den Systemforscher Wolfgang Mewes in den 1970er-Jahren umtrieben. Eine Antwort darauf fand er, indem er erfolgreiche Unternehmen, vor allem Marktführer, sorgfältig analysierte und feststellte, dass sie alle mehr oder weniger nach einer bestimmten „Strategie" vorgehen. In einer Analogie zu den in den Naturwissenschaften schon lange bekannten Gesetzen vom „wirkungsvollsten Einsatz der Kräfte" entwickelte er eine Strategie für Unternehmen, die es ihnen ermöglichen sollte, sowohl Wachstumsgrenzen als auch Widerstände aus dem Umfeld zu überwinden und zu Marktführern zu werden. Dabei geht es hauptsächlich darum, dass Sie Ihre Kräfte am richtigen und wirkungsvollsten Punkt „pfeilspitz" bündeln und die Energien und Interessen anderer auf die bestmögliche Weise aktivieren – ähnlich wie Ahmed, unser Experte für „passive Gartenarbeit", der clever fremdes Wasser auf die eigenen Mühlen lenkte.

Der Begriff der „EKS" durchlief in den Jahren seit ihrer Entdeckung und Beschreibung mehrere Wandlungen: Mit Bezug zu ihren naturwissenschaftlichen Grundlagen wurde die Strategie als „Evolutionskonforme Strategie", dann als „Energo-kybernetische Strategie", schließlich als „Engpasskonzentrierte Strategie" oder auch als „Erfolgskonzentrierte Strategie" bezeichnet.

Wer die Wirkungsweise der EKS einmal durchschaut hat, kann mit dem gleichen Einsatz von Ressourcen (also Zeit, Geld und Arbeitseinsatz) ein Vielfaches der ursprünglichen Wirkung erzielen. Das funktioniert wie bei einem Brennglas: Die Sonnenstrahlen, die ohne Hilfe langsam innerhalb von ein paar Stunden lediglich einen leichten Sonnenbrand hervorrufen (geschweige denn, dass sie ein Lagerfeuer entzünden könnten), werden durch die Bündelung in einem Brennglas so stark, dass sie binnen Augenblicken ein loderndes Feuer entfachen. Nach genau diesem „Brennglasprinzip" können auch Sie für Ihr Unternehmen Ihre Kräfte konzentriert einsetzen, um mit gleichem oder sogar mit geringerem Aufwand große Wirkungen zu erzielen, anstatt im Mittelmaß der übrigen Unternehmen dahinzudümpeln.

Das Brennglasprinzip

Strategisches Vorgehen eröffnet Ihrem Unternehmen neue Wege und führt zu neuem Wachstum – egal, in welcher Branche Sie tätig sind, wie viele Mitarbeiter Sie haben und ob Sie

Dienstleistungen oder Produkte anbieten. Selbst mit beschränkten Kräften können Sie sehr erfolgreich oder sogar zum Marktführer werden. „Erfolg ist einzig und allein eine Frage der richtigen Strategie und der Konzentration auf den wirkungsvollsten Punkt", wie Wolfgang Mewes seine Entdeckung treffend formuliert (Friedrich/Malik/Seiwert, 2016, S.10).

Die vier Prinzipien der EKS

Insgesamt vier Prinzipien bilden die Basis des strategischen Vorgehens. Zum Teil stehen diese Prinzipien im Widerspruch zu fest verankerten Glaubenssätzen und Maximen im Wirtschaftsleben und dem, was in der Betriebswirtschaft gelehrt wird.

Vergessen Sie, was Sie gelernt haben!

Ein Beispiel: An der Universität wird gelehrt, dass die Gewinnmaximierung im Unternehmen das höchste Ziel sei. Hohe Umsätze und Gewinne sind aber im Grunde nicht die Ursache, sondern die *Wirkung* des richtigen, weil konzentrierten Einsatzes der Kräfte. Wenn Sie strategisch vorgehen, optimieren Sie nicht Ihre Kapitalvorgänge, sondern arbeiten zunächst an den immateriellen Faktoren im Unternehmen. Und mit der konzentrierten Ausrichtung auf Kundenbedürfnisse folgt dann fast automatisch die Optimierung der materiellen Verhältnisse, also des Gewinns. Damit Ihnen das gelingt, müssen Sie Ihre Wahrnehmung und Ihr Denken zunächst gezielt „umpolen" und lernen,

- besser als die Konkurrenz die grundlegenden Bedürfnisse Ihrer Zielgruppe zu erkennen und zu erfüllen und damit einen Vorsprung zu entwickeln,
- einen überzeugenden Nutzen zu entwickeln, der für Kunden und Mitarbeiter zu größerer Anziehungskraft (Magnet!) führt und
- nützliche Kooperationspartner finden, sie mit Ihrem Unternehmen vernetzen und in Projekte einbinden (Friedrich/Malik/Seiwert, 2016, S.13).

Will man Widerstände mit geringen Ressourcen möglichst leicht überwinden, muss man seine Kräfte pfeilspitz, bleistiftspitz konzentrieren. Das ist auch der Grund dafür, dass alle Werkzeuge, die der Mensch erfunden hat, um Widerstände zu überwinden, spitz oder scharf sind: Denken Sie an Faustkeile, Steinbeile, Nägel, Messer, Bohrer oder Laserstrahlen. Versuchen Sie einmal, mit der stumpfen Seite eines Bleistiftes durch ein Blatt Papier zu stechen. Das gelingt Ihnen kaum. Mit der spitzen Seite des Bleistiftes jedoch ist es einfach. Genau deswegen ist das erste und wichtigste Prinzip der EKS die Konzentration und die Spezialisierung.

Prinzip 1:
Konzentration
und
Spezialisierung

Wer seine Kräfte in einem Punkt konzentriert, bündelt und daran arbeitet, sein Angebot für Kunden zu schärfen, erbringt zwangsläufig nach einer gewissen Zeit Spitzenleistung und durchstößt die „Decke", die vorher undurchdringlich schien. Ganz im Gegensatz zu jemandem, der seine Kräfte auf zu viele Aktivitäten verteilt – zum Beispiel auf ein zu großes bzw. breites Produkt- oder Leistungsportfolio oder auf Nebenkriegsschauplätze – und am Ende nichts hundertprozentig gut macht. Nehmen wir an, Sie hätten fünf Produkte oder Dienstleistungen und 100 Prozent Energie, dann können Sie für jedes Produkt nur 20 Prozent einsetzen; bieten Sie hingegen nur eine einzige Leistung an, dann fließen in diese die gesamten 100 Prozent Energie ein.

Besonders starke positive Wirkungen erzielen Sie, wenn Sie Ihre Energien darauf ausrichten, *zentrale* Engpass- oder Kernprobleme Ihrer Zielgruppe zu lösen. An einem Kernproblem hängen meist viele kleine Probleme hintendran. Löst man das Kernproblem, verschwinden die übrigen Problemen wie von selbst. Jedes komplexe System hat diesen Punkt, von dem aus die Entwicklung des gesamten Systems abhängt und sich steuern lässt. Justus von Liebig stellte schon Anfang des 19. Jahrhunderts fest, dass eine Pflanze mehrere Elemente für ihr Wachstum braucht. Wenn nur eines fehlt oder nicht in ausreichendem Maße vorhanden ist, stoppt das gesamte Wachstum – selbst dann, wenn

Prinzip 2:
Das Minimum-
prinzip

von allen anderen Stoffen mehr als genug da ist. Dieses Element ist der *Minimumfaktor*. Überlegen Sie einmal, welchen „Minimumfaktor" Ihre Kunden haben: Welches ist ihr zentrales Problem, das sie am meisten an ihrer Weiterentwicklung hindert? Diesen Engpass zu kennen, bringt Sie beim Zuschnitt Ihres Produkt- bzw. Leistungsportfolios weiter. Wenn Sie Ihrer Zielgruppe genau das anbieten, was sie am dringendsten braucht, wenn Sie also ihren „Engpass" lösen, treffen Sie den wirkungsvollsten Punkt und entfachen automatisch eine große Nachfrage.

Bruno berichtet

Jan Reuter hat in seiner Apotheke zwei wirksame Hebel gefunden:

1. *Walldürn ist ländlich gelegen, und seine Apotheke hat ein großes Einzugsgebiet. Wenn er den Patienten die Möglichkeit gibt, sich übers Internet beraten zu lassen, löst er für viele weniger mobile Menschen ein drängendes Problem.*

2. *Was Patienten vielfach fehlt, ist eine Beratung zur Unverträglichkeit von Medikamenten oder dazu, welche Wechselwirkungen zwischen Medikament A in Kombination mit der Einnahme von Medikament B entstehen können. Zweimal pro Woche gibt es bei uns kostenlose Skype-Sprechstunden per Internet, die Jan Reuter (zum Teil mit einem Arzt und natürlich mit mir) durchführt. Jeder, der eine Frage zu einem gesundheitlichen Problem hat, kann bei uns anrufen und bekommt bis zu 30 Minuten kostenlose Beratung. Das wird enorm stark in Anspruch genommen.*

Werte, die Sie nicht anfassen, konkret anschauen, messen, wiegen oder zählen können, sind das Wichtigste für die Zukunft Ihres Unternehmens. Ich spreche von Ihrer Strategie, Ihren Ideen, Ihrer Innovationskraft, Ihrem Know-how, Ihrem Warum, Ihrer Humbition und von der Motivation Ihrer Mitarbeiter sowie dem Vertrauen Ihrer Kunden. Und ich spreche hier auch, wie die EKS, gerne von „Zielgruppenbesitz". Den haben Sie, wenn Sie das Vertrauen und die Zuneigung einer Zielgruppe genießen, in der Sie den Ruf als „bester Problemlöser" in Ihrem Spezialgebiet haben.

Prinzip 3: Immaterielle vor materiellen Vorgängen

Alles beginnt also beim Immateriellen. Alle Euros, die die Umsatzstatistik und später die Gewinn- und Verlust-Rechnung als materiell-finanziellen Zuwachs zeigen, waren zuerst einmal Gedanken und Ideen, bevor sie zu Produkten oder Dienstleistungen wurden. Während materielle Güter (z. B. Maschinen, Autos, Gebäude) durch ihre Benutzung an Wert verlieren, gewinnen immaterielle Güter wie Innovationsfähigkeit, Know-how oder Kundentreue im Laufe der Zeit mit der Häufigkeit ihres Einsatzes immer mehr an Wert.

Das Prinzip Nutzen- vor Gewinnmaximierung besagt, dass Unternehmen nicht existieren, um Gewinne zu erzielen, sondern um bestehende Probleme von Menschen zu lösen. Das klingt einerseits selbstverständlich, ist jedoch eine völlig andere Perspektive als üblich. Der Nutzen der Zielgruppe steht über dem Gewinnstreben. Wir haben bereits in Kapitel 3 am Beispiel des „Ganzgroßbauern" Hofreiter und zweier Finanzanlagebetrüger gesehen, wohin es führt, wenn ein Unternehmen nur dem Geld nachjagt und keinen oder nur einen mickrigen Nutzen bietet.

Prinzip 4: Nutzen- vor Gewinnmaximierung

Ungewohnt ist die Sichtweise von den Kunden bzw. der Zielgruppe her, wenn Sie von der gedanklichen Basis der Betriebswirtschaft aus operieren, denn dort geht es ja meist um Methoden, wie ein Unternehmen Gewinne korrekt ermittelt, steigert und kontrolliert. Die Fixierung auf den Gewinn aber ist fatal, denn sie führt zwangsläufig dazu, dass sich ein Unternehmen in erster Linie mit sich selbst und erst danach mit Wünschen und Bedürfnissen der Kunden auseinandersetzt (Friedrich/Malik/Seiwert, 2016, S. 44).

Kundennutzen bringt Gewinne hervor

In meiner selbstbestimmten Unternehmer-Welt schaue ich immer über den „Tellerrand" des Gewinns hinaus, denn der Nutzen, den ich meinen Kunden mit meinen Leistungen biete, bringt Umsätze und Gewinne hervor. Das bedeutet nicht, auf betriebswirtschaftliche Kennzahlen gänzlich zu verzichten – die behalte ich weiter im Blick, denn anders geht es gar nicht, wenn ein Betrieb finanziell gesund bleiben soll. Ich bin nicht gewinnfeindlich eingestellt. Doch ich mache nichts in meiner Apotheke, nur weil es mir Gewinne bringt, sondern der Fokus liegt immer darauf, etwas zu tun, weil es den Kunden hilft. Das ist eine grundsätzlich andere Einstellung. Unternehmen (und Menschen) müssen meiner Meinung nach weg von mehr oder weniger egoistischen und vordergründigen Zielen – Sie wissen schon: weg von dieser „mein Haus, mein Auto, meine Segelyacht, meine Rennpferde"-Mentalität, die jeglicher Strategie wie auch jeglicher Humbition entbehrt. Mit der EKS lässt sich genau das realisieren – denken Sie mal darüber nach.

Sozialverträglich zum Unternehmenserfolg

1. Je mehr sich ein Unternehmer am *eigenen* Vorteil und Gewinn orientiert, desto weniger trägt er zum Gemeinwohl wie auch zum Wohl seiner Kunden bei.

2. Sind alle im Unternehmen nur auf ihren eigenen Vorteil bedacht, lockern sich die Bindungen zwischen Mitarbeitern und Management, so dass man am Ende (wenn überhaupt) lediglich ein Konglomerat egoistischer „Gewinn- und Einkom-

mensmaximierer" bildet. Alle „höheren" menschlichen Werte und Ideale wie Freundschaft, Verständnis oder Vertrauen bleiben auf der Strecke.

3. Wenn die Kunden das Gefühl haben, dass sie nur „Mittel zum Zweck" sind, dass es nicht um sie geht, sondern sie als „anonyme Melkkühe mit Zahlungsfunktion" gesehen werden statt als Menschen mit Bedürfnissen, sind Bekenntnisse zur „Kundenorientierung" reine Gesichtskosmetik. Wenn sich Unternehmen beschweren, dass die Kunden immer habgieriger und geiziger werden, dass sie eine ausgeprägte Schnäppchenmentalität entwickeln, so beklagen sie einen Zustand, zu dem sie selbst beigetragen haben.

Die EKS ist aber keineswegs gewinnfeindlich eingestellt – das wäre ja auch unternehmerischer Selbstmord. Allerdings ist der Gewinn eben nicht das dominante Ziel, sondern alles dreht sich um die Steigerung des Nutzens für die Zielgruppe. Dahinter steckt die sehr richtige Erkenntnis, dass der Gewinn umso größer ausfällt, je höher der Nutzen ist, den Sie Ihren Kunden bieten (Friedrich/Malik/Seiwert, 2016, S. 47f.).

Sie merken schon, ich brenne wirklich für dieses Thema und bin deshalb recht ausführlich in meinen Beschreibungen gewesen. Darum nun noch mal die vier EKS-Prinzipien in konzentrierter Impulsform, damit Sie sich deren „Wirkstoffe" so lange geistig „intravenös als Infusion" zuführen können, bis Sie sie verinnerlicht haben:

Die 4 zentralen EKS-Prinzipien

1. Konzentrieren und spezialisieren Sie sich!

- Stellen Sie sich spitz (= konzentriert) statt breit (= verzettelt) auf!
- Diversifizieren Sie nicht in ein zu großes Produkt- oder Dienstleistungs-Portfolio.
- Streben Sie in der Spezialisierung Spitzenleistung an!

2. Setzen Sie Ihre Kräfte am wirkungsvollsten Punkt ein!

- Zielen Sie pfeilspitz dorthin, wo Sie mit dem geringsten Kräfteeinsatz den größtmöglichen Erfolg haben!
- Identifizieren Sie den größten Engpass Ihrer Zielgruppe – dort liegt Ihre größte Chance!
- Ihre Unternehmensgröße ist nicht entscheidend (dazu mehr im folgenden Kapitel)!

3. Arbeiten Sie zuerst an den immateriellen Aufgaben im Unternehmen!

- Investieren Sie in Ideen, Innovationen, Kundennutzen und andere immaterielle Werte.
- Ihr kostbarster „Besitz" sind Ihre begeisterten und treuen Kunden!
- Immaterielle Güter gewinnen mit der Zeit an Wert, materielle Güter verlieren an Wert!

4. Fokussieren Sie sich auf den Nutzen für Ihre Zielgruppe statt auf Ihren Gewinn!

- Weg von den egoistischen (gewinnorientierten) Zielen – hin zur Nutzenorientierung!
- Beschäftigen Sie sich mit Ihren Kunden, nicht mit „Interna"!
- Je größer der Nutzen für Ihre Zielgruppe, desto größer Ihr Gewinn als Unternehmen!

Das „Milchhäusle" in Walldürn – das Beste aus zwei Welten

Unser „Milchhäusle" hier in Walldürn an der B 27 steht für eine mustergültige Anwendung der EKS-Prinzipien. Die Familie Sans betreibt ihren Vierkanthof schon seit über 45 Jahren. Sohn Walter Sans hat den gesamten Betrieb seit einiger Zeit auf nachhaltige Milchproduktion umgestellt und garantiert die allerbeste Versorgung der 380 Milchkühe mit regionalem Futter und durch artgerechte Haltung. Natürlich hat auch er mit den Herausforderungen zu kämpfen, die fast allen Bauern heute das Leben schwer machen: Nachdem die EU 2015 endgültig die letzten Ausläufer der Milch-Quotenregelung abgeschafft hat, ist die Situation immer noch nicht rosig. Denn Großabnehmer wie Molkereien und die Supermärkte oder Handelsketten diktieren den Produzenten und Lieferanten die Preise und zwingen sie oftmals in ein unrentables Dumping-System. Unabhängig machen kann sich nur, wer den Ehrgeiz hat, sich mit seinem Produkt einen direkten Zugang zum Kunden zu verschaffen und so „Zwischenstationen" und Großhändler auszuschalten.

Walter Sans hatte für seine Milch eine zündende Idee: Warum nicht an einem Ort in der Nähe des Hofes mit viel Durchgangsverkehr einen „Milchautomaten" aufstellen und so die Kunden auf dem Weg in den Ort oder vom Ort zurück „abfangen", damit sie dort ihre Milch kaufen? Wer sowieso zum Einkaufen unterwegs ist, wird den Automaten mit hoher Wahrscheinlichkeit nutzen. Das ist eine spitze Konzentration auf einen wirkungsvollsten Punkt im doppelten Sinne: 1. auf eine regional klar eingegrenzte Zielgruppe als Direktabnehmer, so dass die Marge eines Zwischenhändlers wegfällt, 2. auf einen speziellen Nutzen für diese Zielgruppe, nämlich ein „frischeres" Produkt, als es im Handel erhältlich ist.

Milch aus der Region am Automaten

Walter Sans steht zu hundert Prozent hinter seinem Produkt und möchte mit seiner Initiative die Regionalität fördern. Seine Milch reist nur einmal um die Ecke, bis sie bei den Einkäufen des Endverbrauchers im Auto landet – ganz im Gegensatz zur Supermarktware, die oft sogar aus einem anderen Bundesland stammt. Das ist ganz nebenbei der dritte Nutzen, nämlich „aktiver Umweltschutz"!

Natürlich hat der Milchbauer gründlich an seinem Konzept gefeilt, bevor er es den Kunden präsentierte: Die Bedienung des Automaten ist kinderleicht. Der Automat gibt Wunschmengen ab und im Bedarfsfall Wechselgeld heraus. Für den eiligen und durstigen Kunden gibt es direkt am Automaten einen Becherspender, der kostenlos ist. Und für den sicheren Transport des „weißen Goldes" nach Hause bietet das „Milchhäusle" geeignete Flaschen an. Auch der Hygienestandard ist sehr hoch: Täglich wird der Automat gereinigt und frisch befüllt sowie mehrmals am Tag auf Sauberkeit kontrolliert (Rausch, 2015).

Eine kleine und nachhaltige Erfolgsgeschichte

Viele Bürger empfinden das „Milchhäusle" als eine Bereicherung. Neben dem Milchkauf lässt sich hier auch gut ein Schwätzchen halten, denn sehr oft trifft man hier Bekannte aus dem Ort. Dementsprechend positiv und intensiv ist die Mundpropaganda. Werbung kann sich Walter Sans auf diese Weise sparen – das „Milchhäusle" hat sich schon nach wenigen Monaten perfekt etabliert und ist zu einem beliebten Treffpunkt in Walldürn geworden.

In sieben Schritten zum Unternehmenserfolg

Zur praktischen Umsetzung der vier Prinzipien in Ihrem Unternehmen bietet die EKS einen ausführlichen „Fahrplan" in sieben Phasen, von dem ich Ihnen hier nur das Wesentliche liefere. Für eine Vertiefung lege ich Ihnen das Werk von Kerstin Friedrich, Fredmund Malik und Lothar Seiwert (2016) ans Herz. Die sieben Phasen dienen dazu, Ihre Marktpositionierung als Unternehmer zu schärfen und Sie zur Nr. 1 in Ihrem Geschäftsfeld zu machen, so dass Ihr Unternehmen an Anziehungskraft und Attraktivität gewinnt.

Phase 1: Bestimmen Sie Ihren Standort und analysieren Sie Ihre Stärken

Als Erstes brauchen Sie auf Ihrem Weg eine Standortbestimmung: Wie sehen die „Umweltbedingungen" Ihres Unternehmens aus? Wo liegen Ihre Stärken? Und welche Aufgaben können Sie demnach am besten bewältigen? Welche Werte, Ziele und Motive treiben Sie an? Diese Standortbestimmung und „Ist-Analyse" umfasst vier Bereiche:

1. Was sind Ihre größten Stärken, Fähigkeiten und Leistungen?

Oft läuft man Gefahr, seine größten Stärken für selbstverständlich zu halten, sie als gegeben hinzunehmen oder gar darüber hinwegzugehen und sie gar nicht im Unternehmen einzusetzen. Alles, was Ihnen leicht fällt, ist mit Sicherheit eine echte Stärke. Blicken Sie weiterhin darauf, welche Aufgaben Sie besonders gut erfüllen und welche Ihrer Produkte, gemessen an den Wettbewerbern, herausragend gut sind (Friedrich/Malik/Seiwert, 2016, S. 63ff.).

Was fällt Ihnen leicht?

2. Welche Probleme haben Sie bereits erfolgreich gelöst?

Schreiben Sie solche Probleme brainstormartig auf.

3. Über welche immateriellen Werte verfügen Sie?

Mit Ihrem Know-how, der Motivation, Ihren Beziehungen und Ihrem Image, Ihren Marken, Ihrem Warum und mit Ihrer Zielgruppe haben Sie Pfunde an Bord, mit denen Sie garantiert wuchern können. Denken Sie vom Kunden oder vom Auftraggeber her: Bei der Vergabe eines Auftrags ist weniger das entscheidend, was Sie tatsächlich leisten, als vielmehr das, was man Ihnen zutraut. Überprüfen Sie, welche Kunden Ihnen voll vertrauen und warum.

4. Mission und Ziele

Jeder Mensch und je des Unternehmen hat Ziele, Wünsche, Visionen sowie Vor- und Leitbilder. Finden Sie mehr über Ihre und die Ihres Unternehmens heraus und formulieren Sie sie klar und deutlich. Damit sind Sie ganz nah an Ihrem Warum!

Warum Sie
Stärken stärken
sollten Diese Analyse führen Sie mit dem erklärten Ziel durch, dem ungesunden Verdrängungswettbewerb und harten Preiskämpfen zu entkommen. Kopieren und Nachahmen (me-too) sind keine Option und führen nur in die Austauschbarkeit. Werden Sie anders als andere! Bieten Sie einzigartige und unverwechselbare Leistungen an, indem Sie den Kundenbedarf besser decken als Ihre Konkurrenz. Eine solche Profilierung muss mit Blick auf eine echte Marktlücke erfolgen (Friedrich/Malik/Seiwert, 2016, S. 59). Arbeiten Sie ausschließlich an Ihren Stärken, die Sie identifiziert haben, und lassen Sie Ihre Schwächen Schwächen sein. Denn in den „schwachen" Bereichen werden Sie selbst nach längeren Lernphasen maximal durchschnittlich gut werden, aber niemals Spitze. Darüber hinaus werden Sie unweigerlich demotiviert, wenn Sie anfangen, Ihre Schwächen zu kompensieren. In Phase 6 zeige ich Ihnen, wie Sie Schwächen elegant ausgleichen können.

Phase 2: Analysieren Sie das größte Nutzenpotenzial

In Phase 2 richten Sie Ihren Blick nach außen und fragen sich: Wie könnte ich meine Stärken im Geschäft optimal einsetzen? Auch eine ausgeprägte Stärke ist nichts wert, wenn sie nicht auf einen Bedarf trifft. Ihre Spezialisierung kann nur dann ihr Erfolgspotenzial entfalten, wenn Sie bei Ihren Kunden auf einen besonders sensiblen Punkt, also auf einen Engpass, ein Problem oder ein Bedürfnis, treffen. Ihre Spezialisierung muss also zum Kundenbedarf passen wie der Schlüssel zum Schloss.

Suchen Sie sich ein Spezialgebiet, auf dem Sie mit Ihren derzeitigen Kräften relativ schnell zur Nummer eins werden können. Auf einem zunächst kleinen Spezialgebiet der oder die Erste zu sein, ist besser, als in einem breiten Feld nur Durchschnitt zu sein. Besser in einem kleinen Dorf der oder die Erste sein als in einer großen Stadt nur eine(r) unter vielen.

Die EKS kennt drei Stoßrichtungen für Spezialisierungen:

1. *Primärspezialisierungen* auf Produkte, Rohstoffe (z. B. Öl oder Braunkohle), Know-how und Methoden (z. B. Narbenbehandlung mit Laser, Java- Programmieren oder Beratung mit dem Six-Sigma-Konzept) oder auf Dienstleistungen (z. B. Onlinedienste, PR-Beratung oder Call-Center).

2. *Engpassspezialisierungen* beziehen sich auf einen speziellen Bedarf, der eine ganz bestimmte Leistung erfordert, wofür oftmals variable und unterschiedliche Produkte und Dienstleistungen kombiniert werden, zum Beispiel „Brillen für Sportler". Zum regulären Optiker-Know-how gehören hier außerdem die passenden Brillen für unterschiedliche Sportarten als Produkte sowie ein sehr detailliertes Spezialwissen.

3. *Zielgruppenspezialisierungen* auf genau definierte Kundengruppen mit starker Kundenbindung und einem partnerschaftlichen Verhältnis auf Augenhöhe zwischen Unternehmen und Kunden.

Überlegen Sie, welche Spezialisierung am meisten erfolgversprechend ist, weil sie das meiste Nutzenpotenzial bietet. Eine intensive und methodische Suche ist enorm wichtig, weil die ersten Ideen oft nicht die besten sind. Manchmal läst sich das Spezialgebiet unmittelbar aus Ihrem Stärkenprofil oder dem Nutzenpotenzial ableiten. Dennoch sollten Sie systematisch mehrere Alternativen prüfen. Ihre Festlegung auf ein Spezialgebiet ist die pfeilspitze Konzentration auf Ihre zukünftige Entwicklung! Testen Sie die verschiedenen Alternativen jeweils möglichst risikolos in kleinen Schritten, bevor Sie sich endgültig festlegen. Dadurch minimieren Sie Ihr finanzielles Risiko.

Alternativen auf den Prüfstand legen

Phase 3: Ihre am meisten erfolgversprechende Zielgruppe

Erfolgreiche Unternehmer wissen, dass es die Menschen sind, die über ihren Erfolg oder Misserfolg entscheiden, nicht irgendwelche anonymen Institutionen oder die immer wieder zitierten „Märkte". In dieser Phase geht es daher konkret um Ihre Zielgruppen. Das sind im Sinne der EKS nicht Gruppen, die nach „Kaufkraft" unterschieden werden, sondern Menschen mit gleichen oder sehr ähnlichen Problemen, Engpässen und Bedürfnissen. Finden Sie heraus, welche Zielgruppe den größten und dringendsten Bedarf nach Ihrer Leistung hat. Suchen Sie diejenige Zielgruppe, deren Engpässe mit dem Nutzen, den Sie bieten können, am stärksten übereinstimmt und die Ihnen zugleich am sympathischsten ist. Denn schließlich soll Ihnen Ihr Geschäft ja Spaß machen!

Die geeignete Zielgruppe finden

1. Schreiben Sie auf, welche Merkmale Ihre Wunschzielgruppe haben soll. Unsere Idealvorstellungen sind pure Energie und neigen dazu, sich in der Realität zu manifestieren. Recherchieren Sie systematisch, auf welche Menschen diese Merkmale in der Realität zutreffen, falls Ihnen noch nicht klar ist, wer Ihre Zielgruppe sein könnte.

2. Werfen Sie einen genauen Blick auf Ihre jetzigen Kunden: Welche sind die angenehmsten? Bei welchen haben Sie die beste Resonanz? Befragen Sie diese Kunden, warum Sie Ihnen treu sind und nicht zum Wettbewerb gehen.

3. Oft ist es sinnvoll, eine gefundene Zielgruppe durch Segmentierung weiter aufzuteilen. Der Sinn besteht darin, sich durch eine kleiner zugeschnittene Zielgruppe „spitzer" zu positio-

nieren und dadurch leichter den Marktdurchbruch zu schaffen. Ist der Durchbruch geschafft, kann man anschließend gegebenenfalls die Zielgruppe vergrößern bzw. verbreitern.

4. Lassen Sie nach und nach die Kunden los, die nicht (mehr) zu Ihnen passen, und zwar in dem Maße, wie Sie bei Ihrer am meisten erfolgversprechenden Zielgruppe an Erfolg zulegen.

- -

Phase 4: Finden Sie den Engpass

In Phase 4 tauchen Sie tief in die Welt Ihrer Zielgruppe ein, um Ihr Angebot und die Kunden-Nachfrage besser aufeinander abzustimmen – ein Schlüssel, den Sie für ein Schloss passend machen. Welche Zielgruppenprobleme kennen Sie schon? Welche Wünsche, Bedürfnisse, Probleme und Engpässe der Zielgruppe gibt es darüber hinaus noch? Denken Sie hier auch an häufige Beschwerden und Reklamationen, die zuverlässige Hinweise auf Verbesserungsmöglichkeiten geben, befragen Sie alle Mitarbeiter im Unternehmen, welche Verbesserungschancen sie sehen, und befragen Sie auch die Kunden selbst.

Den größten Engpass Ihrer Zielgruppe zu finden ist so, als wenn Sie in einer langen Kette von Dominosteinen genau denjenigen finden, dessen Umfallen eine positive Kettenreaktion auslöst, weil nun alle (Problem-)Steine automatisch hintereinander weg umkippen. Das ist zugleich der Punkt Ihrer größten Wirkung bzw. der Engpass Ihrer Kunden, der ihr Wachstum am meisten begrenzt. Wenn Sie diesen Punkt finden und ihn in ein Produkt (-Portfolio) ummünzen, dann haben Sie treffsicher „pfeilspitz" ins Schwarze getroffen.

Die Praxis sieht so aus, dass Sie wahrscheinlich die Phasen 1 bis 4 mehrfach iterativ durchlaufen müssen, bis Sie Ihre Stärke und die Kundenbedürfnisse so aufeinander abgestimmt haben, dass

Sie mit einem gegenüber Ihrem bisherigen Portfolio verbesserten Angebot starten können – einem Angebot, das Sie bzw. Ihr Unternehmen „unwiderstehlich" für Ihre Kunden macht und für allergrößte Nachfrage sorgt. Und eines, mit dem Sie sich von Ihren Konkurrenten unterscheiden, so dass Sie der Austauschbarkeit entkommen.

BEISPIEL **Zimmer frei**

Airbnb ist der führende Marktplatz zur Vermittlung von Privatunterkünften – und Airbnb ist ein Superlativ unter den amerikanischen Silicon-Valley-Start-ups, über 20 Milliarden Dollar schwer. Umsatzzahlen bekommt man von Airbnb nicht, aber das „Wall Street Journal" spekuliert, dass es 2015 über 900 Millionen Dollar gewesen sind. 80 Millionen Gäste konnte die Plattform bisher verzeichnen, weil private Gastgeber ihre Wohnungen mit Fremden teilen – etwas, das es vor Airbnb in diesem Umfang nicht gegeben hat. Für den modernen Reisenden sind „Airbnbs" als Reiseunterkünfte in aller Welt unverzichtbar geworden.

Doch was heute riesengroß ist, hat einmal klitzeklein angefangen und wurde aus der Not heraus, einem Engpass, geboren. Die Geschichte ist spannend: Gründer Nathan Blecharczyk ist ein klassischer Selfmademan. Mit 14 brachte er sich selbst das Programmieren bei, teilte sein Wissen im Netz und bekam so seinen ersten Auftrag, mit dem er 1.000 US-Dollar verdiente. Der mit Nathans Leistung sehr zufriedene Kunde wurde ein großer Empfehler, und so war der noch minderjährige Techie bald gut im Geschäft. Schon während der Highschool sowie auf dem College und der Universität verdiente er mit seiner Programmierarbeit so viel, dass er mit 20 fast Millionär war. Nach seinem Abschluss und einem Ausflug ins klassische Business als Angestellter wollte Nathan dann Gründerluft schnuppern und zog an die Westküste. Dort musste er zunächst kräftig Lehrgeld zahlen und lernte sowohl die Schatten- als auch die Sonnenseiten des Entrepreneur-Lebens kennen.

Als das Geld richtig knapp wurde, musste er aus seiner Wohnung ausziehen und hinterließ seinen beiden Mitbewohnern ein freies Zimmer. Auch diese waren zu der Zeit knapp bei Kasse, aber sie hatten eine Idee: Sie wollten das frei gewordene Zimmer in kürzeren Intervallen untervermieten. Und weil während einer wichtigen Design-Konferenz in der Stadt alle Hotels ausgebucht waren, übernachteten drei Designer in der Wohnung, was ihnen 1.000 Dollar einbrachte. Und noch wichtiger: Es entzündete eine Flamme in ihnen und war der Start zur Besetzung einer bis dahin nicht erkannten Marktnische, der Start zur Eroberung eines neuen blauen Ozeans.

Aufgrund dieser einzigen Erfahrung beschlossen die drei, ihr Modell der wechselnden Untervermietung in Zukunft auch anderen Menschen zugänglich zu machen: Eine Übernachtung in einer privaten Wohnung zu buchen sollte so einfach sein, wie eine Hotelübernachtung zu organisieren. Anfang 2008 ging es richtig los und das Geschäft nahm Fahrt auf. Die Gründer flogen nach New York und machten mit einer professionellen Kamera selbst Fotos von den ersten Wohnungen, die in Frage kamen. Sie trafen alle Gastgeber persönlich und erklärten ihnen das Airbnb-Konzept. Sie sammelten authentisches Feedback un d halfen den Anbietern dabei, die Preise zu setzen und die Beschreibungen zu formulieren. Am Ende hatten sie 40 Top-Unterkünfte in New York am Start – sie begannen also sehr spitz mit Unterkünften in einer einzigen Stadt in einem einzigen Land (Hofmann, 2016). Mehr wäre aufgrund ihres begrenzten Budgets auch gar nicht möglich gewesen. Vermutlich haben sich die Gründer damals nicht träumen lassen, dass sie einmal „weltweit" als Marktführer agieren würden.

Persönlicher Einsatz an vorderster Kundenfront

Das internationale Wachstum von Airbnb verläuft erstaunlich organisch: Es funktioniert, weil sowohl Gäste als auch Gastgeber von Airbnb begeistert sind und mit ihrem Netzwerk darüber sprechen. Ehemalige Gäste werden zu Gastgebern, wenn sie darauf kommen, dass sie ja vielleicht auch noch ungenutzten Raum zur Verfügung haben, den sie bei Airbnb anbieten könnten. All das zahlt außerdem auf die neue „Sharing Economy", die Ökonomie des Teilens, ein, die voll im Trend liegt.

Die Kunden sind | In der Wahrnehmung vor allem junger Reisender ist Airbnb die Alterna-
high on emotion | tive zum Hotelaufenthalt und setzt sich inzwischen auch in Europa gegen die ganz Großen auf dem Reise- und Online-Vermietungsmarkt durch. Eine entscheidende Rolle spielen dabei (wieder einmal) die Gefühle: Teure Hotels treffen nicht mehr ganz ihren Nerv, da ist die Gesellschaft inzwischen im Wandel. Es geht mehr um das authentische Erleben einer Stadt als um Besitz oder Luxus, und das ist mit Airbnb viel besser und grundlegender möglich. Und auch das junge und innovative Image eines coolen und authentischen Unternehmens tut seine Wirkung. Denn letztlich wollten Nathans Mitbewohner Joe und Brian damals in San Francisco nur ihr eigenes Problem lösen, bis sie erkannten, dass nicht nur sie, sondern Millionen andere Menschen den gleichen Engpass haben (Meinstartup.com).

Airbnb kümmert sich ganz aktiv um seine Community, und das vor allem offline, in der echten Welt. Es ist ein Irrglaube, dass man bei Online-Geschäftsmodellen nichts mit den Kunden zu tun hat – denn das Geschäft läuft zwar online, aber draußen, im realen Leben, sind die Kunden und ihre Bedürfnisse. Brian, einer der Gründer, hat dazu den passenden Leitsatz: „Es ist mehr wert, von 100 Menschen wirklich geliebt zu werden, als wenn dich eine Million Menschen ganz okay finden." Damit verfolgt er das in Phase 2 vorgestellte strategische Ziel, lieber in einer kleinen Zielgruppe die Nummer 1 und Marktführer zu sein, als in einer großen Gruppe als Unbekannter mitzuschwimmen.

Inzwischen fühlen sich die Großen der Hotelbranche bedroht und ziehen einige Register, um Airbnb in die Suppe zu spucken. Hotellerieverbände sprechen von „Wildwuchs", und Städteverbände, das Finanzamt und die Ordnungsämter werfen allesamt lästige Fragen auf, die in direktem Zusammenhang zu dem neuen Trend des Wohnungsteilens stehen: Gibt es eine Qualitätssicherung? Was ist mit der vorgeschriebenen Ausschilderung von Fluchtwegen und dem Verhalten im Brandfall? Werden die Einnahmen aus der Zimmervermietung ordnungsgemäß versteuert? Und so weiter und so fort (Pöhner, 2013). Ich bin mir sicher: Airbnb wird die richtigen Antworten finden.

Fest steht, Airbnb hat einen völlig neuen Markt geschaffen und ist durch Konzentration aller Kräfte auf die Kernkompetenz und den wirkungsvollsten Punkt nach und nach so groß geworden, dass mittlerweile sogar die Marriotts, Hiltons, Dorints und andere riesige, zum Teil weltumspannende Hotelketten vor ihnen erzittern und Umsatzverluste befürchten.

Phase 5: Entwickeln Sie Innovationen

Eine „Innovation" im Sinne der EKS ist eine Leistungsverbesserung im größten Engpass der Zielgruppe, nicht unbedingt aber eine technische Neuerung – Airbnb ist ein Beispiel dafür. Wenn Sie ein neues Smartphone oder eine neue Software entwickeln, die 70 Funktionen hat, mag das zwar ebenso innovativ wie kreativ sein; wenn Ihren Kunden aber die Bedienung zu kompliziert ist und sie mit 30 Funktionen zufrieden wären, haben Sie keine Innovation, sondern einen Flop gelandet! Denken Sie daher immer aus der Sicht Ihrer Zielgruppe, wie es zum Beispiel die Airbnb-Gründer bis heute tun.

Hüten Sie sich vor zu großer Perfektion. Sie müssen keinesfalls alle Details hundertprozentig entwickelt haben, um mit einer Innovation zu starten. Fangen Sie einfach in kleinen Schritten mit einigen Prototypen an und optimieren Sie mit Hilfe des Feedbacks der ersten Kunden nach und nach Ihre Innovation, bis sie alle „Kinderkrankheiten" abgelegt hat. Erst dann produzieren Sie größere Stückzahlen. *Perfektion vermeiden*

So bin ich bei den Gesundheitsvideos für meinen Youtube-Kanal auch vorgegangen und habe mich Schritt für Schritt weiter verbessert. Sie werden erfolgreicher, wenn Sie anfangen, anstatt monatelang alles nur in der Theorie zu entwickeln. Durch das positive oder negative Feedback Ihrer Zielgruppe machen Sie ganz von selbst Fortschritte und nähern sich der Spitzenleistung.

Phase 6: Finden Sie geeignete Kooperationspartner

Wirtschaft und Wettbewerb sind für viele Unternehmer gleichbedeutend mit Kampf und Konkurrenzdenken. Vorherrschend ist dabei die Vorstellung, dass der Markt ein „Kuchen" ist; man versucht, sich seinen Anteil daran zu sichern, und meint, Marktanteile „erobern" zu müssen, indem man sie Konkurrenten vor der Nase wegschnappt. Das ist nicht meine Einstellung und auch nicht die der EKS. Und es sollte auch grundsätzlich nicht die eines selbstbestimmten Unternehmers sein. Denken Sie an den „blauen Ozean": Märkte und Marktsegmente können dort geschaffen werden, wo es vorher noch nichts gab, wo nur das blaue Meer und der weite Horizont zu sehen sind. Mit meinen Gesundheitsvideos zum Beispiel habe ich auch niemandem etwas weggenommen – sie sind eine Innovation in einem „blauen Ozean", in dem es vorher rein gar nichts gab, keinen „Markt" und auch keine Konkurrenzprodukte.

Eigene Schwächen ausgleichen Wir sollten darüber nachdenken, was wir *geben* können, nicht darüber, was wir *nehmen* können. Deswegen bin ich ein Fan von nützlichen Kooperationen, denn sie geben Sicherheit und machen stark. Sinnvoll ist es stets, nach Partnern zu suchen, die Ihre Fähigkeiten und Leistungen „komplementär" ergänzen, und zwar in dem Sinne, dass Sie Ihren Kunden eine bessere, vollständige (Gesamt-)Leistung bieten (siehe dazu auch das nächste Unterkapitel „Produkt-Ökosysteme statt Produkt-Sammelsurium"). Kooperationspartner können hervorragend eigene Schwächen bzw. eigene Engpässe ausgleichen, entsprechend dem Grundsatz: nicht selbst machen, was andere besser machen können. Mit geeigneten Partnern zusammen können Sie das anbieten, was Sie alleine nicht anbieten könnten.

So wird Ihre Kooperation zu einem Erfolg

1. Prüfen Sie zu Anfang, welche externen Partner grundsätzlich zu Ihrer Strategie passen. Was sollten Ihre Partner können und mitbringen, das Sie nicht haben? Worin besteht die Ergänzung?

2. Grenzen Sie Ihre Kooperationspartner eng ein, und legen Sie fest, welches Aufgabengebiet im Rahmen Ihrer Leistung der oder die Partner übernehmen sollen.

3. Traditionell dreht sich alles um die Frage nach dem Kapital, den Marktanteilen oder den Produktionskapazitäten, die jeder Kooperationspartner einbringt. Sie aber sollten den Fokus auf die Frage legen, ob Sie die gleichen Werte teilen und die gleichen Ziele verfolgen – und darauf achten, dass auch Ihre Partner ein klares Warum haben. In unserer materiellen Art zu denken glauben wir, das Immaterielle werde sich schon finden, wenn der Rubel erst einmal rollt und die Finanzen sauber aufgestellt sind. Aber das ist sehr oft ein Trugschluss, sofern jeder neben seinem Kapitalbeitrag unterschiedliche Ideen und Zielvorstellungen einbringt. Und genau diese Unterschiede sind es häufig, die eine Kooperation scheitern lassen (Friedrich/Malik/Seiwert, 2016, S. 191).

4. Zwischen zwei komplementären Partnern, die sich hinsichtlich ihrer Fähigkeiten *ergänzen*, sind Synergien naturgemäß größer, als wenn sich zwei mit demselben Spezialgebiet zusammentun. Handeln Sie also nach dem Grundsatz: Gegensätze ziehen sich an (Friedrich/Malik/Seiwert, 2016, S. 193).

Phase 7: Behalten Sie das konstante Grundbedürfnis im Auge

In Phase 7 überprüfen Sie Ihre konkreten Spezialisierungsrisiken und legen Ihre langfristige Strategie fest. Wenn wir über Spezialisierung sprechen, reden wir nicht über technische oder produktorientierte Spezialisierungen. Diese unterliegen nämlich von vornherein einem Lebenszyklus und werden daher irgendwann „überholt" sein. Die „richtige" Spezialisierung ist die auf ein *konstantes Grundbedürfnis*. Konstant deshalb, weil ein dauerhaftes Problem und Bedürfnis der Zielgruppe bedient wird.

Konstant sind menschliche Grundbedürfnisse wie Ernährung, Bekleidung, Informationen, Kommunikation oder Mobilität. *Variabel* dagegen sind die Leistungen und Produkte, mit denen diese Grundbedürfnisse erfüllt werden. Das Bedürfnis nach individueller Mobilität beispielsweise wurde zuerst mit dem Pferd und der Kutsche, dann mit dem Fahrrad, derzeit noch mit dem Auto und in Zukunft mit autonom fahrenden Autos und fliegenden Autos (die ersten marktreifen gibt es bereits in den USA!) erfüllt. Die Variablen unterliegen Moden und technologischem Wandel – die Grundbedürfnisse, die stets immaterieller Natur sind, bleiben unverändert. „Kleben" Sie daher in Ihrem Denken nicht an Produkten oder Dienstleistungen, sondern konzentrieren Sie Ihren Blick stets auf das „hinter" dem Produkt stehende Grundbedürfnis. Dann bleiben Sie flexibel und sind dennoch in Ihrer Spezialisierung fest verankert.

BEISPIEL **Die Wischmopp-Millionärin**

Joy Mangano war alleinerziehende Mutter von drei Kindern und konnte sich finanziell nur mühsam über Wasser halten. Was macht man als Mutter und Hausfrau? Putzen, Putzen und nochmals Putzen – und zwar schnell und effektiv, damit genug Zeit für die Kinder bleibt. Eines Tages hat die mittellose Frau die Idee ihres Lebens, die zum Ausweg aus ihrer finanziellen Misere und zugleich der Weg in die Freiheit werden könnte: Sie entwickelt einen Wischmopp, der sich mühelos auswringen lässt, ohne dass die Hände nass und der Rücken krumm werden. Sie nennt ihn „Miracle Mop".

Voller Elan leiht sie sich aus der Verwandtschaft eine hohe sechsstellige Summe zusammen, entwickelt das Produkt bis zur Marktreife und lässt rund 100.000 Stück produzieren. Sie schafft es, den Werbesender QVC dazu zu bewegen, den Mopp ins Programm aufzunehmen. Doch das Ganze wird zu einem Flop: Die Bestellungen nach den Werbeausstrahlungen bleiben weit hinter den Erwartungen zurück. Mangano ist verzweifelt. Was so gut angefangen hatte, droht zu scheitern. Das Produkt MUSS ein Erfolg werden! Wenn Mangano jetzt aufgibt, bleibt sie für den Rest ihres Lebens auf einem gigantischen Schuldenberg sitzen.

Der Engpass, das Nadelöhr, scheint beim Vertrieb über den Verkaufssender QVC zu liegen, denn das Produkt ist ausgereift, sein Nutzen steht außer Frage und die Zielgruppe „Hausfrauen" wird über den Sender bestens erreicht. Die Schauspielerin, die den Mopp hübsch gestylt anpreist, kommt jedoch lahm und wenig überzeugend herüber, so dass einfach kein Funke zu den Fernsehzuschauerinnen und potenziellen Bestellerinnen überspringt. Mangano überzeugt schließlich mit großem Engagement den Chef des Teleshopping-Senders davon, ihre Erfindung selbst in der Werbesendung vorzustellen, obwohl dieser den „Flop-Mopp" bereits aus dem Programm werfen will.

Schließlich steht Mangano selbst bei QVC life vor der Kamera – unsicher, schüchtern, rhetorisch ungeübt, schauspielerisch unbegabt, in schlichter Bekleidung und alles andere als perfekt gestylt. Sie preist ihren Mopp an, erklärt die Vorzüge und die Einsatzmöglichkeiten. Und während sich im Sender über diese mangelnde Professionalität im Auftritt alle die Haare raufen, beginnt das Telefon zu klingeln, und die ersten Bestellungen des Mopps gehen ein. Es dauert nicht lange, bis sich eine Bestell-Lawine in Gang setzt. Schon bei der ersten Ausstrahlung der Werbesendung verkauft Mangano 18.000 Wischmopps innerhalb von 20 Minuten. In dieser kurzen Zeit wird der Wunder-Mopp vom Ladenhüter zum Megaseller.

Vom Ladenhüter zum Megaseller

Mangano hat den Durchbruch geschafft, doch beinahe wäre im letzten Moment alles schief gegangen.

Was Mangano zum Durchhalten und Weitermachen bewegte, obwohl es schon aussichtslos erschien, war ihr starkes Warum: der Wunsch, beruflich und finanziell endlich auf eigenen Füßen zu stehen, ihr innovatives Produkt zu verkaufen und die Integrität gegenüber ihrer Familie zu wahren, die Schulden zurückzubezahlen. Bill Mockridge formuliert es sehr eindrücklich: „Jeder Meter deines Marathons macht dich zu der Person, die im Ziel ankommt, und ist unerlässlich, aber die Champagnerdusche wartet erst hinter der Ziellinie. … Vergiss niemals, dass du durchs Ziel laufen musst oder in einem Moment aussteigst, in dem es nicht teuer ist, deine Idee zu verlassen" (Mockridge, 2016, S. 107). Das Warum fehlte der Schauspielerin, die zuvor bei QVC den Mopp anpries. Manganos starkes Motiv und ihre innere Überzeugtheit von ihrem Produkt hingegen kamen bei den Zuschauerinnen herüber und waren weitaus wichtiger als „äußerlich" verbales Geschick und perfektes Styling, das die Herzen nicht erreichte.

Das war der aufregende Beginn einer fast beispiellosen Erfolgsgeschichte als Unternehmerin: Inzwischen hat Mangano insgesamt mehr als 100 Patente für verschiedene Produkte angemeldet, darunter auch den „Huggable Hanger", einen speziell beschichteten Kleiderbügel, der dem lästigen Herunterrutschen von Kleidungsstücken ein Ende setzt. Heute ist Joy Mangano über 60 Jahre alt, lebt in New York und hat als Selfmadewoman ein millionenschweres Unternehmen.

Zweierlei können wir aus dieser Geschichte strategisch lernen:
1. Die Produktideen in Manganos Imperium decken einen dringenden Bedarf der Zielgruppe „Hausfrauen" ab. Hierin hat Mangano als Hausfrau und Mutter die größte Expertise – hierin liegt ihre Stärke. Mangano entwickelt bis heute einfache und innovative Lösungen für Probleme, die ihr als Hausfrau nur allzu vertraut sind. Das ist ihre Spezialisierung. Damit trifft sie den Nerv ihrer Zielgruppe, deren Bedürfnisse sie aus eigener Erfahrung bestens kennt.

2. Mangano begeht – neben vielem, das sie richtig macht – aus Am Anfang Tests durchführen der Sicht der EKS einen entscheidenden strategischen Fehler, den Sie in Ihrem Geschäft vermeiden sollten: Sie verschuldet sich bis unters Dach. Strategisch sinnvoller ist es, eine Nummer kleiner anzufangen und erst einmal den kleinen Zeh ins Wasser zu stecken, bevor man hineinspringt. Also lieber zuerst ein paar risikolose Tests durchführen und in einem kleinen Umfeld mit dem Verkauf beginnen, bevor man gleich 100.000 Stück produzieren lässt und schlimmstenfalls auf einem Schuldenberg sitzt. Wählen Sie die „spitze" Konzentration, statt sich „breit" aufzustellen, und streben Sie zunächst in einem kleinen Umfeld mit einer kleinen Stückzahl den Durchbruch an, bevor Sie Größeres wagen. Das Internet macht es heute möglich, auch klein zu starten und Tests durchzuführen.

Übrigens, falls Sie Lust darauf haben: Die Lebensgeschichte von Joy Mangano ist unter dem Titel „Joy – alles außer gewöhnlich" verfilmt worden, lief als Kinofilm und ist als Video erhältlich.

Produkt-Ökosysteme statt Produkt-Sammelsurium

Eine wahre Kunst im Geschäftsleben besteht darin, die richtigen Produkte auf die richtige Weise zusammenzustellen, um ein aus Kundensicht „optimales" Angebot zu schnüren. Hinweise darauf, wie es gelingen kann, haben Sie bereits anhand der Prinzipien und Phasen der EKS erhalten. Die beiden Extreme liegen darin, entweder mit einem „Bauchladen" herumzulaufen und viel zu viele Produkt anzubieten, die sowohl die Wahrnehmung der Kunden als auch das Handling des Unternehmers überfordert – oder zu wenig anzubieten und damit das Marktpotenzial nicht auszuschöpfen.

Die meisten Unternehmen leiden meiner Meinung nach unter der „Bauchladen-Krankheit" der Verzettelung, die ihnen selbst wie auch den Kunden Bauchgrimmen verursacht. Die einen verzetteln sich, weil sie glauben, wenn sie noch ein und noch ein und noch ein Produkt hinzunehmen, hätten sie mehr Chancen beim Kunden; die anderen starten zunächst mit einer moderaten Produktauswahl, beginnen aber, sich zu verzetteln, sobald sie Erfolg haben, nach dem Motto: „Wenn sich A, B und C gut verkaufen, dann kann ich mit D, E, F, G, H und I noch mehr Umsatz machen". Das ist eine Rechnung, die oft nicht aufgeht und zudem oft die Reputation des Unternehmens „verwässert". Denn der Kunde weiß dann nicht mehr, wofür das Unternehmen eigentlich steht.

Ihr Produkt-Portfolio sollte wie ein gepflegter Garten sein, in dem die Pflanzen (= Ihr Produkt-Portfolio) regelmäßig und sorgfältig beschnitten werden, in dem es keinen Wildwuchs, kein Unkraut und keine unkontrollierte Vermehrung von Unerwünschtem und „Nebenlinien" wie irgendwelchen „Nices-to-have" gibt. Ich spreche daher gerne vom „Ökosystem", auch wenn damit nicht unbedingt ökologische Produkte gemeint sind. Ihr Ökosystem sollte in der Schnittmenge der 3 P „Passion – People – Product" angesiedelt sein.

Passion –
People –
Product

- „Passion" steht für die Leidenschaft, Ihr Warum,
- „People" steht für Ihre spitz zugeschnittene und hoffentlich nicht zu große Zielgruppe und
- „Product" steht für Ihre Leistungen, gleich ob es sich um Produkte oder Dienstleistungen oder eine Kombination von beidem handelt.

Wie kann man ein Ökosystem aufbauen? Ein Ökosystem können Produkte bzw. Leistungen sein, die *aufeinander abgestimmt* sind und ein sinnvolles, integriertes „Paket" bilden, das das Bedürfnis der Kunden zur Gänze abdeckt, anstatt nur Teile zu bedienen. Ein „Paket" hat im Gegensatz zu einem Sammelsurium von Einzelprodukten, die keinen Bezug untereinander haben, eine klare Zuspitzung.

Wenn zum Beispiel ein Handwerker Balkonsanierungen durchführt, sollte er nicht nur Undichtigkeiten am Mauerwerk beseitigen, sondern auch neue Balkonbrüstungen anbieten, den Oberflächenbelag des Balkons neu gestalten können und gegebenenfalls auch Maler-Leistungen im Portfolio haben. (Wenn er das nicht alleine machen will, so schließt er sich natürlich mit Kooperationspartnern zusammen, wie in Phase 6 der EKS dargestellt.) Das Prinzip besteht darin, alles, was der Kunde braucht, „aus einer Hand" anzubieten. Das ist so einfach und wird doch bei vielen Produkten und Leistungen vernachlässigt, weil Unternehmer vom Produkt und nicht vom Kunden her denken. Wenn unser besagter Handwerker kein Paket schnürt, sondern „halbherzige" und aus Sicht des Kunden unvollständige Balkonsanierungen, außerdem „halbherzigen" Wintergartenbau, „halbherzige" Gartengestaltungen und noch einiges mehr anbietet, dann ist er ein austauschbarer Bauchladen-Produzent, verzettelt und ohne pfeilspitze Positionierung.

Pakete statt Einzelleistungen

Eine weitere Möglichkeit, ein „Paket" zu schnüren, besteht darin, den gesamten Produkt-Lebenszyklus bzw. den Erfahrungszyklus beim Kunden zu bedenken und darauf aufbauend die Leistungen anzubieten. Meine geschätzte Speakerkollegin Anne Schüller hat ein einleuchtendes Modell entwickelt, wie die „Reise" eines Kunden durch das Angebot eines Unternehmens insgesamt entlang bestimmter „Touchpoints" aussehen kann (Schüller, 2016). Daraus können Sie vieles für Ihr Unternehmen mitnehmen, denn Sie bekommen Anregungen, Ihr gesamtes Geschäft, den gesamten Ablauf, den ein Kunde bei Ihnen erlebt, aus seiner Perspektive zu sehen und damit Ihr Angebot noch besser, noch passgenauer, auf die Kundenbedürfnisse zuzuschneiden.

Die Gestaltung der individuellen Kundenreise, der „Customer Journey" und der Touchpoints auf dem Weg, ist entscheidend für Ihren Erfolg beim Kunden – das gilt online wie offline gleichermaßen. Prototypisch kann eine Reise folgendermaßen aussehen; es handelt sich um einen Lebenszyklus, der für viele Konsumgüter gilt:

Lebenszyklus
von Produkten
beachten

- Entsorgung oder Verkauf des Altprodukts
- (Online-)Auswahl des Neuprodukts
- Kontaktaufnahme, Information und Beratung
- Kauf bzw. Vertragabschluss für das Neuprodukt
- Lieferung bzw. Transport des Neuprodukts
- Benutzung des Produkts
- Ergänzungen und gegebenenfalls Zusatzkäufe zum Produkt
- Instandhaltung, Wartung und Pflege des Produkts
- Entsorgung des Produkts.

Jeder Kontakt, den Kunden mit einem Unternehmen haben, hinterlässt Spuren. Kunden sammeln an jedem „Touchpoint" emotionale Eindrücke, die sich zu einem Gesamtbild verdichten. Auf der Basis dieser Eindrücke fällt die Entscheidung: Entweder es fühlt sich gut an für den Kunden und er geht den nächsten Schritt – oder eben nicht.

Bei Autos ist uns der Lebenszyklus geläufig: Wir würden niemals bei einem Händler einen Neuwagen kaufen, wenn er nicht unseren Alten in Zahlung nähme und nach dem Kauf auch die Wartung und Instandhaltung des Wagens anböte. Doch wie sieht es eigentlich mit Kühlschränken und Fernsehern, mit Musikinstrumenten, mit Möbeln und mit vielen anderen Gütern aus? Hier ist es fast immer so, dass Händler ihre Neuware in den Markt „drücken" wollen und sich maximal auf Beratung und Verkauf konzentrieren, aber überhaupt kein Interesse daran haben, dem Kunden die Altware, die er zu Hause stehen hat, abzunehmen – sei es nun, dass sie sie in Zahlung nehmen oder dass sie sich um die Entsorgung kümmern. Teilweise wird sogar der Transport großer, sperriger Güter wie Möbel dem Kunden selbst überlassen, obwohl klar er, dass er sie aus eigenen Kräften nicht leisten kann. Einer der häufigsten Gründe, warum Menschen keine neuen Güter in gesättigten Märkten wie unseren kaufen, ist der, dass die Entsorgung oder der Weiterverkauf des Altprodukts zu mühselig, zu aufwändig ist. Eine hochinteressante Marktnische, die manchen Unternehmen enorme Vorsprünge verschaffen könnte, und das oft sogar mit geringem Ressourceneinsatz!

Wie wäre es denn, wenn ein Hausgeräte-Handel statt einem Sammelsurium von „weißer Ware", also Kühlschränken, Herden, Spülmaschinen, Waschmaschinen usw., nur *ein einziges Produkt* – zum Beispiel Kühlschränke – anböte, hier aber mit seinen Leistungen den gesamten Lebenszyklus abdeckte, also auch die Entsorgung des Altprodukts, die Reparatur und Wartung der Geräte? Mit dieser spitzen Positionierung hätte der Händler einen klaren Vorsprung vor Media Markt, Saturn und anderen Großmärkten, die solche Leistungen nicht anbieten. Zudem hätte er einen geringeren Wareneinsatz und könnte stattdessen an Dienstleistungen verdienen.

Mehr Service statt zu vieler Produkte

Was machen die meisten Händler stattdessen? Sie bieten das gleiche Produkt von 25 verschiedenen Herstellern an, so dass der Kunde verwirrt ist (oft auch trotz Beratung), ihm die Auswahl schwerfällt, er auf dem Altprodukt sitzen bleibt und dann am Ende nichts kauft. „Nicht gekauft hat er schon", sagt Martin Limbeck treffend. Cleverer wäre es, das gleiche Produkt von vielleicht nur 5 Herstellern vorrätig zu halten, stattdessen aber mehr Serviceleistungen rund um das Produkt selbst anzubieten. Damit ließe sich in der Servicewüste Deutschland eine echte USP aufbauen.

Die Touchpoints und die Kundenerlebnisse identifizieren

▨ Legen Sie fest, für welches Produkt bzw. welche Leistung Sie die Kundenreise analysieren wollen.

▨ Welche Phasen durchläuft der Kunde chronologisch, bevor er Ihr Geschäft betritt, im Geschäft und nach dem Kauf? Gliedern Sie die Touchpoints aus der Sicht des Kunden.

▨ Was passiert an den einzelnen Touchpoints, und was empfinden die Kunden dort jeweils? Ganz ehrlich: Sind die Erfahrungen der Kunden enttäuschend, verunsichernd, okay oder begeisternd? Analysieren Sie die Höhen und Tiefen.

▨ Spielen Sie das ganze Szenario mehrfach durch, am besten mit Hilfe von Außenstehenden, die nicht „betriebsblind" sind, und befragen Sie auch die Kunden selbst.

▨ Erarbeiten Sie, welche Kundenerlebnisse verbessert werden sollten und wodurch.

▨ Beheben Sie besonders dringende Engpässe zuerst, dann setzen Sie nach und nach die Maßnahmen um. So setzen Sie eine Spirale positiver Kundenerlebnisse in Gang.

▨ Überprüfen Sie regelmäßig die Erfolge. Messen Sie die Wiederverkaufs- und Weiterempfehlungsbereitschaft. Denken Sie daran: Wir haben nicht das Recht, vorher aufzuhören.

Hier noch weitere Möglichkeiten, ein Produkt-Ökosystem aufzubauen: Installieren Sie einen cleveren Sales-Funnel, einen „Kunden- bzw. Verkaufstrichter". Kunden kaufen meist nicht gleich, wenn sie mit einer Ware oder Dienstleistung zum ersten Mal in Kontakt kommen. Es muss oft erst Vertrauen aufgebaut werden. Das kann geschehen, indem man beim Erstkontakt ein kostenloses Freebie anbietet, dann sogenannte „products for prospects", also ein preiswertes Einstiegsprodukt, anschließend das „Core Offering", also das Haupt- oder

Fokusprodukt, das wichtigste „Standbein" des Unternehmens, und zuletzt schließlich ein Cross- und Upselling für Bestandskunden anbietet.

Das Internet macht zur Zeit ganz neue Geschäftsmodelle möglich, die es früher nicht gegeben hat. Es lassen sich Leistungen aus der realen Welt in völlig neuer Weise virtuell bündeln und verkaufen, wofür Uber und Airbnb gute Beispiele sind. Außerdem lassen sich Dienstleistungen in Form von Internet-Produkten skalieren, so dass man als Dienstleister nicht mehr „Zeit gegen Geld" tauscht. Statt jeden Kunden einzeln zu beraten, kann man zum Beispiel ein standardisiertes Online-Produkt anbieten, das gängige Probleme in Form von hilfreichen Videos, E-Books, Blogs usw. bündelt.

Weg vom Tausch
„Zeit gegen Geld"

Wenn Sie als Dienstleister gewissermaßen „Ihr eigenes Produkt" sind und nach Zeiteinsatz bezahlt werden, setzt Ihnen das Einkommensgrenzen, die Sie mit Hilfe von Online-Produkten überwinden können. So hat zum Beispiel ein Psychiater in den USA, der vorher „Einzelberatungen" durchführte, ein Online-Tool für Depressive entwickelt, das sich mehr als 100.000-mal verkauft hat. Das Tool deckt die gängigste Erkrankung ab, die er als Psychiater behandelt hat, und dient der Selbsthilfe. So kann er sich viele individuelle Sprechstunden ersparen, hat weniger Zeitdruck und außerdem sein Einkommen beträchtlich erhöht. Das zeigt, dass selbst in einem Gesundheitsmarkt so etwas möglich ist, auch wenn die Verhältnisse der USA nicht unbedingt auf Europa übertragbar sind.

Wer hat eigentlich in Ihrem Unternehmen das Sagen – Sie oder ein großer Zulieferer? Treten Sie nach außen hin selbstbestimmt oder eher fremdbestimmt auf? Nachfolgend ein Beispiel aus einer Branche, deren Marketing sehr oft fremdbestimmt ist, so dass in den Augen der Kunden ein verzerrtes Bild entsteht.

Die eigene Markenhoheit bewahren

Jürgen Krenzer ist Vollblutgastronom sowie Inhaber und Chef des „Rhön-schaf-Hotels" in in der Rhön. Eines Tages fragte ihn ein Kunde, welche Bedeutung das Siegel auf einer Urkunde für „eisgekühlten Bommerlun-der" habe. Krenzer erklärte stolz, dass diese Auszeichnung nur diejeni-gen Wirte bekämen, die ihren „Bommi" in vorgekühlten Gläsern servie-ren. Dann fragte der Kunde nach der Zahl auf der Urkunde, es war die Nummer 2754. Schlagartig wurde Krenzer klar, dass er nur „einer un-ter vielen", nämlich mindestens 2754 Wirten war. Als er weiter darüber nachdachte, stellte er fest, dass sein gesamtes Erscheinungsbild nach au-ßen wie bei allen Gastronomen ausschließlich von seinen Zulieferern ge-prägt war: Werbeschilder, Bierdeckel, Eistruhen, Aschenbecher, Sonnen-schirme – Fremdbestimmung, soweit das Auge blickte, überall prangten die Logos der Lieferanten, der Brause-, Wasser-, Bier- und Eishersteller, aber nirgendwo war das Rhönschaf, also Krenzers Marke, zu sehen.

Krenzer begann, das systematisch zu ändern, entfernte die Fremdlogos und ersetzte sie nach und nach überall durch das Rhönschaf und den Rhönapfel. Bald wurde sein Dorfgasthof „Krone" zum „Rhönschaf-Ho-tel". Heute lächelt er über die fremdbestimmten Gastronomen, die zwar anderthalb Millionen Euro in den Umbau oder Neubau ihrer Gebäude stecken, dann aber keine 3000 Euro mehr für eigene Sonnenschirme auf der von überall einsehbaren Terrasse haben. Krenzer empfiehlt: „Lassen Sie Ihre Marke wie einen roten Faden durch Ihren Betrieb marschieren. … Und die Kunden werden garantiert darauf reagieren. Mittlerweile spre-chen uns Kunden sogar auf den ‚roten Faden' an, der durchs Unterneh-men läuft: Ihnen fällt auf, das hier etwas anders ist als in anderen Ho-tels" (Krenzer 2016).

Bruno berichtet

Jan Reuter hat sich schon früh Gedanken darüber gemacht, wie er sein „Produkt-Ökosystem" in der Apotheke sinnvoll erweitern und ergänzen kann. Schon während seiner Masterstudiengangs konnte er seine eigene homöopathische Produktlinie für Komplexmittel entwickeln – samt eigenem Design, eigenem Logo usw. Das ist gut für die Patienten. Denn sie können sich nun den einen oder anderen „Pharma-Booster" mit starken Nebenwirkungen ersparen, wenn sie diese Mittel nehmen. Zusätzlich sind die homöopathischen Mittel auch in einen Service eingebunden: Die Patienten haben immer viele Fragen, denn eine kompetente Beratung für homöopathische Mittel gibt es fast nirgendwo in der Apothekenwelt – aber bei uns. Unsere Komplexmittel sind außerdem ein wichtiger Baustein, der Apotheke ein eigenes Gesicht zu geben, statt nur Medikamente der Lieferanten „durchzureichen".

Anders als andere Hotels:
Interview mit Ulrich Brandl

In Zettisch, im tiefsten Bayrischen Wald – da, wo alle Straßen enden – steht der Ulrichshof, den Ulrich Brandl innerhalb der letzten 20 Jahre zum besten Kinderhotel Europas ausgebaut hat. Die Erfolgsgeschichte beginnt 1992: Der „Unternehmer aus Leidenschaft" Ulrich Brandl entschließt sich, seinen Bauernhof aufzugeben und sucht nach neuen Perspektiven. Die zündende Idee kommt aus eigener Erfahrung: Brandl und seine Frau haben zwei kleine Kinder und finden es schwierig, einen Urlaubsort zu finden, der für die ganze Familie geeignet ist und allen gleichermaßen Spaß macht. Mit der Idee eines Kinderhotels findet Brandl eine Marktlücke und fängt mit neun Zimmern an, Urlaub für Familien anzubieten.

Das Konzept ist von Anfang an konsequent durchdacht: Tausende Kleinigkeiten machen den Ulrichshof zu dem, was er ist: Niedrigere Handläufe für die Kinder neben den normal hohen an der Treppe, gesicherte Bereiche für Kleinkinder, ein spezieller Türschutz und die Babyphon-Anlage im ganzen Haus, auf der der Status für jedes einzelne Zimmer zu sehen ist, sind nur einige der Besonderheiten des Hotels. Betreuung der Kinder durch pädagogische Fachkräfte ist selbstverständlich, nichts läuft in diesem sensiblen Bereich über Aushilfen.

Schon 1994 versechsfachte Brandl die Zimmerzahl und modernisierte das ganze Haus. Zuletzt investierte er über zwölf Millionen Euro in 40 neue Zimmer mit modernster Einrichtung und realisierte einige neue Pool- und Wasserlandschaften. In den letzten Jahren entwickelte er auch das Gesamtkonzept weiter, damit sich Kinder und Eltern gleichermaßen wohlfühlen und sich in ihren jeweiligen Welten entspannen können. Der Ulrichshof hat jetzt auch Bereiche, in denen die Eltern alleine relaxen können. Wellness und Spa ohne Kinderlärm – das kommt auch und gerade bei Eltern wie Großeltern gut an. Was den Erfolg ausmacht und wie die ganz persönliche Sicht von Ulrich Brandl ist, hat er im Interview mit mir preisgegeben (www.ulrichshof.com):

Reuter: Lieber Herr Brandl, warum ist es für Sie, für Ihre Familie und Ihr Team wichtig, sich mit Ihrem Konzept von dem der breiten Masse aller anderen Hotels stark abzuheben?

Brandl: Meines Erachtens ist es ohne eigenes Profil, also ohne sogenannte USP, völlig unmöglich, im Hotel-Bereich als Individualhotel irgendeinen Erfolg zu haben. Die großen Hotelketten haben so große Vorteile im Einkauf, in der Effektivität ihrer Organisation und in der gesamten Betriebswirtschaft, dass man diese als einzelner Unternehmer unmöglich ausgleichen kann. So kann man eben nur dadurch bestehen, dass man sich durch Individualität und eine Zuspitzung in der Positionierung abhebt, die solche großen Ketten in der Regel nicht hinbekommen und auch nicht anstreben.

Reuter: Sicher haben Sie ja genau dabei seit 1992 einiges anders gemacht, also seit Sie in das Geschäft eingestiegen sind. Was haben Sie denn genau und komplett im Vergleich zu anderen Hotels weggelassen, was war also aus Ihrer Sicht überflüssig oder was sind Sie ganz anders angegangen?

Brandl: Ich glaube, das Entscheidende war, dass wir als Seiteneinsteiger in die Hotelbranche die Sache sozusagen „von der anderen Seite her" aufgezogen haben. Wir haben uns im Grunde genommen die Frage gestellt, wie wir es als Gäste unseres Hotels haben wollen, wo unsere Bedürfnisse liegen könnten. Diese Frage kann man nur authentisch stellen, wenn man von außen kommt und die Abläufe eines Hotels nicht kennt – dann ist es relativ einfach, sich den frischen Blick aus Kundensicht zu bewahren. Man ist einfach mutiger, Dinge anders zu machen als alle anderen. Wenn man dagegen eine klassische Hotelausbildung hat, stellt man immer sofort eine andere Frage, nämlich: „Wie kann das funktionieren?" und blickt auf das Organisatorische, auf die Abläufe hinter den Kulissen. Das ist der ganz entscheidende Unterschied. Und ansonsten haben wir zunächst einmal nicht so stark den Fokus aufs Geld gelegt (was aus betriebswirtschaftlichen Aspekten manchmal gar nicht so prickelnd war) und haben etwa eine enorme Infrastruktur implementiert, die ja zunächst nur Geld kostet, aber ihren Nutzen dann langfristig zeigt –, weil wir sie natürlich in so abgeschiedener Lage letztendlich unbedingt brauchen. Und was wir noch anders machen, ist, dass wir unsere Mitarbeiter etwas anders auswählen, als andere Hotels das tun.

Kundenexperten, nicht Branchenexperten

Reuter: Und was genau machen Sie da anders? Wen stellen Sie ein?

Brandl: Ich spreche hier vor allem von unseren Führungskräften. Von denen erwarten wir, dass sie einen ganz eigenen Stil haben und einfach ein bisschen anders sind. Mit „Führungskräften" meine ich unsere Abteilungsleiter und deren Stellvertreter. Ich erwarte von ihnen, dass sie so agieren, als wären sie Unternehmer und nicht Angestellte. Und das geht über reines Mitdenken und blo-

ße „gute Arbeit" hinaus, da geht es tatsächlich darum, „etwas zu unternehmen", Ideen zu haben, auch im Kleinen und Größeren schon mal die eine oder andere Vision zu haben und umzusetzen.

Reuter: Wie schaffen Sie das, dass die Menschen dann auch so handeln?

Brandl: Ich glaube daran, dass der größte Anreiz darin liegt, wenn die Menschen das tun können, was sie wirklich gerne machen, wofür sie echt brennen. Das klingt natürlich einfach und gut, ist in der Umsetzung aber manchmal alles andere als leicht. Es muss halt passen, und um herauszufinden, ob's passt, muss man manchmal Umwege gehen oder sich auch wieder von jemandem trennen. Aber wenn es passt, wenn jemand die Möglichkeit hat, im Unternehmen das zu machen, was er zutiefst gerne macht, dann steigert er seine Leistungsfähigkeit um glatte zweihundert Prozent. Wenn ich dagegen Leute in Positionen habe, die eigentlich lieber etwas anderes machen würden, sind die Leistungsfähigkeit und das Ergebnis entsprechend schlechter. Und vor diesem Hintergrund schauen wir darauf, dass wir die Mitarbeiter da hinbekommen, wo sie ihre Leidenschaft ausleben können.

Reuter: Ja, das macht großen Sinn. Jetzt aber einen Schritt weiter: Was haben Sie denn komplett neu erschaffen in Ihrem Hotel in den letzten 25 Jahren? Etwas, dass es vorher so überhaupt noch nicht gab, geschweige denn im Bayrischen Wald?

Nur Gäste mit Kindern

Brandl: Was es zum damaligen Zeitpunkt sicherlich nicht gab und was heute auch noch sehr selten vorkommt ist, dass wir keine anderen Gäste aufnehmen als solche mit Kindern.

Reuter: Was mir als zweifachem Vater oder meiner Frau und mir als Eltern immer wieder auffällt, ist eher das Gegenteil: Dass es nämlich Hotels gibt, in denen Kinder überhaupt nicht gerne gesehen sind – aus welchen Gründen auch immer.

Brandl: Ja, das stimmt, aber ich bin da nicht dogmatisch; aus meiner Sicht hat beides seine Berechtigung und seinen Sinn. Ob ich auf Gästen mit Kindern bestehe oder genau die ablehne: Das eine ist genauso konsequent wie das andere. Beides macht Sinn in einer Welt, in der man sich abheben muss, um aus der Masse herauszustechen. Ob es allerdings klug oder sympathisch ist, ist eine andere Frage. Es gibt nun mal Gäste, die Kinder oder Enkel in ihrer persönlichen Reisesituation dabei haben und ein Hotel brauchen.

So manch ein Gast, oder bei uns Elternteil, ist ganz froh, wenn er oder sie mal für einen gewissen Zeitraum nicht mit Kindern in Berührung kommt und sie in guter Obhut lassen kann. So sind etwa in unserem Eltern-Spa keine Kinder zugelassen, da entsprechen wir also genau diesem Wunsch. Als echtes „Kinderhotel" haben wir aber natürlich vor allem Bereiche, wo die Kinder hindürfen, auch alleine ohne Eltern. Aber umgekehrt macht es eben auch im Kinderhotel absolut Sinn, Aufenthaltsräume zu schaffen, wo keine Kinder erlaubt sind und die Eltern ihre Ruhe haben. Insofern ist auch eine komplette Ausrichtung anderer Hotels auf einen Aufenthalt ohne Kinder einfach nur konsequent und verständlich. Nur war und ist es eben nicht unser Weg. Wir haben den Bedarf der Eltern oder Großeltern nach gemeinsamem Urlaub, aber auch nach Ruhe, gesehen und holen sie bei diesem Bedürfnis ab.

Reuter: Ja, das verstehe ich gut. Jetzt ist im letzten Vierteljahrhundert ja enorm viel passiert. Wenn Sie mal evaluieren: Was sind denn die Dinge, an die Sie in Zukunft anders herangehen? Sie haben ja zwei Söhne – was würden Sie denen raten? Was sollten sie unbedingt nicht tun, wovon sollten Sie die Finger lassen? Was wäre Ihr väterlicher Rat?

Brandl: Also, das ganz Entscheidende dabei ist, dass meine beiden Söhne (anders als ich) eine Topausbildung in der Hotellerie genossen haben. Beide haben Hotelbetriebswirtschaft studiert. Der eine ist schon fertig und bei uns im Unternehmen; der andere kommt im August. Wenn ich ihnen etwas empfehlen soll, dann dies: Trotz allem Know-how, das sie sich jetzt in der Theorie angeeignet haben, sollten sie nie in die Rolle der „Hotel-Standardisierer" verfallen. Ich habe es ja selbst erlebt: Die Versuchung ist groß, Standards einzuführen, die eher „ablaufgetrieben" als „gastorientiert" sind. Und das ist aus meiner Sicht der größte Fehler, den man als Individualhotel machen kann. Man versucht nämlich auf diese Weise, etwas nachzumachen, das große Hotelketten per definitionem und ganz grundsätzlich besser beherrschen. Als Individualhotel müssen wir auf die Sicht der Gäste schauen; das ist das alles Entscheidende. Auch, wenn es manchmal schwierig ist: Den Gastwunsch umsetzen und nicht irgendeinem Standard folgen!

Reuter: Es gibt bei Ihnen eine Geschichte, die mich sehr bewegt hat: Ihr Vater war ja ein sehr guter Geschichtenerzähler und hat viele Gäste, insbesondere die Kinder, in der Kutsche herumgefahren und sie dabei mit seinen Geschichten unterhalten. Gibt es da besondere Geschichten, die Ihnen wichtig sind, die sie vielleicht selbst weitergegeben haben oder werden die bei Ihnen irgendwo aufbewahrt oder niedergeschrieben?

Brandl: Mein Vater ist leider 2015 verstorben. Wenn ich jetzt so überlege, weiß ich gar nicht, ob die Geschichten ungewöhnlich oder ganz individuell waren. Mein Vater hat eher – wie viele ältere Menschen – gerne immer wieder die gleichen Geschichten erzählt. Solche, die ihm einfach wichtig waren. Und als Sohn habe ich mich manchmal, nicht bösartig, aber eben darüber amüsiert, weil ich natürlich irgendwann alle Geschichten kannte ... Manche Gäste hat er tatsächlich mit seinen Geschichten beglückt, aber da war es so, dass vor allem die Stammgäste die Geschichten auch schon kannten. Und da zeigte sich dann, dass die Geschichten selber gar nicht so wichtig waren, es war eher seine Art und Weise, mit ihnen umzugehen und sie zu erzählen. Aber es war in unserem Hotel tatsächlich ein ganz markanter Punkt unseres Angebotes und unglaublich beliebt. Momentan macht das eine externe Kraft für uns, aber das hat nicht die gleiche Wirkung, nicht die gleiche

Power und nicht so viel Impact wie damals bei meinem Vater – das merkt man ganz deutlich.

Reuter: Seit Ihr Vater nicht mehr da ist, sind Sie nun natürlich der Senior …

Brandl: Ja, damit muss ich mich mittlerweile auseinandersetzen. Auch die Gäste spiegeln mir das; einer sprach mich sogar so an und sagte: „Ja, Sie sind wohl der Senior". Und wenn man dreißig Jahre lang daran gewöhnt war, der Jüngere zu sein, dann muss man das eben schlucken, aber eigentlich ist an dieser „neuen" Situation ja nichts Falsches.

Senior mit Nachfolgern

Reuter: Zumal es ja so zu sein scheint, dass Sie Ihrem Sohn auch Führungsqualitäten und eine Begabung für das Repräsentieren zutrauen, so dass auch wieder ein frischer Wind von der Juniorseite weht.

Brandl: Ja, das können glücklicherweise meine beiden Söhne. Ich werde die Gedanken darüber, ob das alles klappen wird, auch loslassen. Das wird funktionieren. Ich kann ja nicht alles regeln, bestimmte Sachen müssen sie später einfach selber entscheiden und machen.

Reuter: Als Sie vor 25 Jahren diese „verrückte" Idee des Kinderhotels hatten, sind Sie ja von vielen belächelt worden. Das war am Anfang sicher nicht immer angenehm. Heute aber können Sie die meisten Leute davon sogar als Ihre „Follower" oder „Fans" bezeichnen – spätestens, seit Sie auch noch das Bundesverdienstkreuz bekommen haben. Gibt es etwas, dass sich seit damals an Ihren Leitbildern geändert hat? Wer waren damals Ihre Vorbilder? Und wer ist es vielleicht heute?

Brandl: Bei mir waren es immer eher Eigenschaften von verschiedenen Personen, die mir wichtig waren. So bin ich etwa ein leidenschaftlicher Leser von Biographien erfolgreicher Menschen und destilliere das für mich Wesentliche heraus. Und ja, mein Vater war und ist für mich ein großes Vorbild. Auch wenn es natürlich immer Phasen gibt, z. B. beim Erwachsenwerden, in denen man das anders sieht. Am Ende des Tages ist das aber mit Sicherheit so gewesen: Ich habe ein paar entscheidende „Leitplanken" von meinen Eltern mitbekommen. Und wenn ich das jetzt auf meine Kinder übertrage, fällt mir ein, was ein sehr guter Freund von mir immer gesagt hat: Großartige Kindererziehung ist gar nicht so wichtig.

Aber er hat mir zwei Ratschläge dazu gegeben, und zwar: Ermöglichen Sie oder lassen Sie Ihren Kindern die bestmögliche Ausbildung angedeihen, die Sie sich leisten können. Das können Sie ihnen mitgeben. Und: Versuchen Sie, Ihnen bis zu einem Alter von 12 Jahren ein paar wichtige Eckpfeiler zu vermitteln.

Und er hatte Recht, denn danach hat man nur noch eingeschränkten Einfluss, weil dann so viel aus dem Außen zum Tragen kommt. Meine persönliche Erfahrung: Am Ende machen die Kinder nach, was man ihnen vorlebt. Man kann ihnen nicht erzählen, sie sollten etwas tun, das man selbst nicht vorlebt!

Reuter: Noch mal zurück zu Ihrem Hotel: Als Sie damals gestartet sind, war das ja nicht so einfach. Es ist Realität: Achtzig Prozent aller Unternehmens-Neugründungen überleben die ersten fünf Jahre nicht. Was sind denn in Ihren Augen die zwei oder drei wichtigsten Eigenschaften eines Unternehmers, der bei Null anfängt, um langfristig am Markt erfolgreich bestehen zu können?

Brandl: *Als Erstes braucht man einen Plan. Der muss nicht bis ins i-Tüpfelchen ausgetüftelt sein, aber man braucht ihn. Und dann braucht man noch absolute Konsequenz und Hartnäckigkeit. Natürlich gibt es immer Phasen, in denen man ins Grübeln kommt. Und dann muss man an das glauben, wofür man sich entschieden hat. Das heißt nicht, dass man blind seinen einmal eingeschlagenen Weg verfolgt und immer weiter läuft, während man schon sieht, dass es gar nicht funktioniert – aber umfallen, nur weil der Wind ein bisschen weht, ist mit Sicherheit das Falsche.*

Der Plan, von dem ich eben sprach, muss natürlich ein Produkt oder eine Dienstleistung betreffen, die am Markt ankommt, wofür es einen Bedarf gibt, dann kann in Kombination mit Konsequenz, Hartnäckigkeit und Durchsetzungsvermögen aus meiner Sicht nichts schief gehen.

Reuter: Gehen wir mal 20 oder 30 Jahre zurück und treffen den 20-jährigen Ulrich Brandl. Welchen Ratschlag würden Sie ihm aus Ihrer heutigen Sicht geben, was würden Sie ihm ans Herz legen? Was hätte es Ihnen eventuell leichter machen können?

Brandl: *Dem 20-jährigen Ulrich Brandl? Hui, das war ja eine wilde Zeit! Tja, ich weiß gar nicht, ob man das so machen kann. Erstens ist es ja rein hypothetisch. Und zweitens: Ob so ein Ratschlag damals gegriffen hätte, ist wirklich die Frage. Vielleicht würde ich sagen: Verzettele dich weniger, und: Lass es ein bisschen ruhiger angehen – der Tag hat nur 24 Stunden. Das war immer mein Problem, dass ich mich um viel zu viele Dinge gekümmert habe – ist es eigentlich heute noch.*

Reuter: Okay, das kommt mir bekannt vor. Nun eine abschließende Frage: Wo steht der Ulrichshof in zehn Jahren?

Brandl: *In zehn Jahren, das kann ich vielleicht noch abschätzen: Ich gehe davon aus, dass wir dann nach wie vor eines der führenden Familien- und Kinderhotels in Europa sind. Wir werden sicherlich unser Angebot weiter an den Zeitgeist anpassen. Wir werden vielleicht noch mal um 30, 40 Einheiten wachsen, dann ist aber auch Schluss. Wir werden weiter daran arbeiten müssen, Synergien und Innenfinanzierungsfähigkeiten zu nutzen, aber darüber hinaus hoffe ich, dass wir in zehn Jahren immer noch darauf hören werden, was unsere Gäste sich wünschen, und genau das dann mit einem gesunden Blick auf die betriebswirtschaftlichen Möglichkeiten auch umsetzen.*

Reuter: Starkes Schlusswort! Vielen Dank und alles Gute!

Fazit

Ohne die richtige Positionierung würden Sie und Ihr Unternehmen im Mittelmaß und in der Austauschbarkeitsfalle verharren. Das aber führt direkt in den Preiskampf, was oft der Anfang vom Ende ist. Seien Sie mutig! Stehen Sie zu Ihrem Warum und einer klaren und spitzen Positionierung, mit der Sie sich von Wettbewerbern unterscheiden und einen dringenden Bedarf einer speziellen Kunden-Zielgruppe lösen. Schneiden Sie alte Zöpfe aus der Betriebswirtschaft ab und gehen Sie Ihren eigenen Weg. Wirklich selbstbestimmt sind Sie und Ihr Unternehmen nur, wenn Sie sich aus dem konformen System, in dem etwas „richtig" ist, weil „ es alle so machen", lösen! Dann schaffen Sie auch diese Wunder, die keine sind, aber wie solche aussehen – dann besiegen Sie als David den Goliath!

5

Wie Sie als David gegen Goliath gewinnen

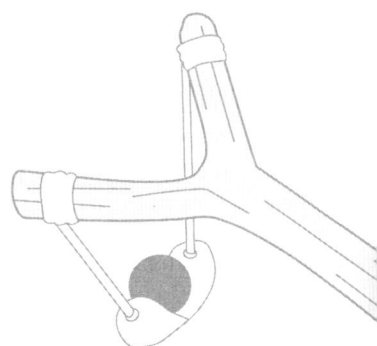

**Brunos Beipackzettel:
Das Kapitel auf einen Blick**

Warum es ein klassischer Denkfehler ist, dass wir den „Riesen" Goliath in dem ungleichen Kampf gegen David für den Überlegenen halten und wie wir gründlich und schnell unsere Sichtweise korrigieren können. Was Davids Erfolgstaktik ausmacht und wie Sie diese Taktik auf Ihr Unternehmen übertragen können. Und schließlich Beispiele sehr erfolgreicher „Davids", die ihre Nische konsequent erobert haben, den Goliaths in ihrer Branche eine bittere Pille nach der anderen zu schlucken geben und sich am Markt mehr als tapfer behaupten.

Warum wir die Großen und Mächtigen meist überschätzen

In diesem Kapitel geht es um Helden – es geht um Sie! Wenn Sie Unternehmer und Inhaber eines KMU sind, sind Sie beinahe ständig mit der (vermeintlichen) Übermacht der „Großen", der Konzerne und vielleicht sogar der DAX-Riesen, konfrontiert und müssen sich gegen sie behaupten. Dass Sie immer noch am Markt sind und dieses Buch lesen, um sich weiter zu stärken und Ihren eigenen, selbstbestimmten Weg zu gehen, zeigt, dass Sie sich bisher tapfer geschlagen haben.

Meine Aufgabe ist es, Sie weiter zu ermutigen und Ihnen zu zeigen, wo die Schwachstellen dieser großen „Goliaths" liegen können. Denn diese Schwachstellen gibt es definitiv, und sie sind Ihre Chance, sich gegen die „Großen" durchzusetzen. Wir haben schon im letzten Kapitel einen Blick darauf geworfen, wie der „kleine" Ulrichshof sich als David gegen die großen Hotelketten mit ihren Standards behauptet. Hier noch ein weiteres Beispiel.

BEISPIEL   ### Wie Goliath sich an David verschluckt

Es war eine Sensation, als die Naturkosmetikkette „The Body Shop" 2006 ihre Eigenständigkeit aufgab, um zukünftig unter dem Dach des Beauty-Riesen L'Oreal zu agieren. Allerdings gab es auch von Anfang an Zweifel, ob das eine gute Idee wäre. Auf die Frage, ob der neue Mutterkonzern die bis dato hundertprozentig konsequent durchgezogene Nachhaltigkeitspolitik des kleinen David fortsetzen würde, blieb L'Oreal nämlich eine eindeutige Antwort schuldig. Für die Kunden aber war das große Warum der Body-Shop-Gründerin Anita Roddick – nämlich eine „reine", biologische Kosmetik anzubieten und Fairtrade-Projekte in der Dritten Welt zu unterstützen – der Hauptgrund, der Marke „The Body Shop" vorbehaltlos treu zu bleiben.

Dieses Motiv fiel nun einfach weg, denn aus der Zentrale des Konzerns kamen zum Thema „Fortsetzung des nachhaltigen Geschäftsgebarens" nur halbherzige Formulierungen und viel heiße Luft. So unterstellte fast automatisch jeder Kunde L'Oreal Gewinnstreben als Hauptmotiv und fürchtete ein Aufweichen oder gar ein Abschaffen der bisherigen Linie. „Body Shop" stand auf einmal ohne die vormals so starke Nischenpositionierung da und war nur noch eine von vielen Marken innerhalb eines Konzerns.

Heute, über zehn Jahre später, hat sich diese Situation nicht wesentlich gebessert. Die einst so potente Marke mit ca. 3.000 Läden in 66 Ländern fährt massive Verluste ein, die sich innerhalb nur eines einzigen Jahres von 7,2 auf 22,2 Millionen Euro steigerten, und L'Oreal denkt ernsthaft über den Verkauf der Marke nach. Für den Großkonzern wird der Ausflug in die Naturkosmetik dann nur knapp als „Nullnummer" enden. Den Kaufpreis von rund 650 Millionen aus dem Jahr 2006 plus die über mehr als zehn Jahre akkumulierten Verluste wird L'Oreal im Verkaufsfall möglicherweise nicht wieder hereinholen. Der große Goliath hat sich am kleinen David verschluckt und wird ihn unverdaut wieder ausspucken müssen (Clausen, 2017).

Die Schwachstelle des Goliaths L'Oreal tritt offen zutage: Er hat wie so viele gesichtslose und anonyme Konzerne kein Warum – schon gar keines, das mit der Marke „The Body Shop" verbunden wäre; er wollte nur auf den Erfolgszug aufspringen, indem er eine hochrentable Marke erwarb, und Geld verdienen. Dem liegt eine gewisse Konzeptlosigkeit zu Grunde, die ich bei großen Unternehmen häufiger beobachte: Ihnen fehlt die Kreativität, um selbst etwas Neues anzuschieben, und dann muss die Mergers & Acquisitions-Politik herhalten, um das Vakuum zu kompensieren. Nach dem Motto: Wir kaufen uns etwas Passendes fürs Sortiment – Geld spielt ja keine Rolle! Das wurde von den Kunden und ehemaligen Fans des „Body Shop" konsequent abgestraft, weil die kausale Kette in der Positionierung „fair und biologisch, aber dafür etwas teurer" nun aufgeweicht und nicht mehr nachvollziehbar war.

Dazu kommt, dass die einst in der Kundenwahrnehmung so starke Marke nun zu einem klitzekleinen, nahezu bedeutungslosen Tröpfchen im Meer aller L'Oreal-Marken geworden ist – sie ist in der Wahrnehmung der Kunden nicht mehr die Nummer 1, hat also ihr Alleinstellungsmerkmal durch die Eingliederung in den Konzern verloren. Der Großkonzern hat eine äußerst diversifizierte Struktur mit derzeit 28 internationalen Marken, ist also alles andere als „spitz" auf nachhaltige Kosmetik konzentriert. Interessant und wichtig ist hierbei besonders, dass sich diese Wahrnehmungen bei den Kunden fast ausschließlich auf der Gefühlsebene abspielen. Sie nehmen „Witterung" auf, merken haarscharf und punktgenau, dass etwas im Argen liegt, etwas nicht stimmt – und reagieren mit Kaufabstinenz. Einer solchen „Unterströmung" kann man auch mit noch so geschickter Konzernkommunikation nur sehr schwer begegnen, und kommt erst recht nicht dagegen an, wenn aus Pressestelle und PR-Abteilung nur wässriges Geschwurbel ohne klares Standing und ohne klare Position kommt.

Eine wichtige Schwachstelle ist das fehlende Warum. Allein schon damit können Sie als Unternehmer, der engagiert und motiviert hinter seinem Geschäft steht, einen Unterschied machen. Natürlich können Sie als David auch ganz aktiv auf die Suche nach Schwachstellen bei den „Großen" gehen und dann dort ansetzen, zum Beispiel mit folgenden Fragen: Welche Lücken und Marktnischen im Kundenbedarf decken größere Wettbewerber von mir nicht ab? Welche Lücken kann ich als Unternehmer besser bedienen als die Konkurrenz der „Großen"?

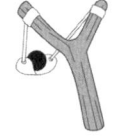

Dazu brauchen Sie zunächst selbst eine Art „mentaler Umpolung". Damit meine ich, dass Sie sich aus der Denkfalle, Goliath sei ein übermächtiger Gegner, befreien müssen. General George Patton jr. sagt dazu: „Unterschätzen Sie den Feind nicht, aber überschätzen Sie ihn auch nicht." Es sind nämlich hier der Volksmund und die Überlieferungstradition der biblischen Legende, die uns das denken lassen. Die wird meist so erzählt, dass die Betonung auf der Körpergröße des Philister-Kriegers, des „Riesen" Goliath sowie seiner starken Rüstung, Bewaffnung und der Macht liegt, die er symbolisiert. David dagegen wird als schmächtiges Kerlchen dargestellt, und seine Waffe, die Steinschleuder, wirkt fast wie ein Kinderspielzeug. Doch die vermeintliche Schwäche Davids ist tatsächlich eine Stärke! Die Moral dieser Geschichte ist nämlich keinesfalls, dass ein Schwächerer gegen alle Wahrscheinlichkeit einen Stärkeren besiegt hat, sondern die, dass David *seine spezifischen Stärken besser genutzt hat* als Goliath.

Versetzen wir uns kurz in das historische Umfeld zurück: Schleuderkämpfer wie der Hirte David waren keine „Kinderkrieger", wie wir vielleicht heute denken, sondern ein sehr ernst zu nehmender Truppenteil antiker Armeen. Sie konnten den schweren und recht unbeweglichen Infanteriesoldaten, die sich nur im direkten Nahkampf profilieren konnten, aus der Entfernung durch zielgenauen Schleuderwurf, der die verwundbarste Stelle des Gegners, seine Stirn, trifft, sehr gefährlich werden – ein pfeilspitzes Vorgehen.

Was sind die Vorteile Davids und was sind die Vorteile Goliaths, und wie stehen sie im Verhältnis zueinander? Goliath ist für den Nahkampf topp gerüstet und könnte David durch pure Kraft und die Gewalt seiner Waffen „niederwalzen", aber dafür müsste er David nahe kommen. Und der ist klein, schneller und wendiger und somit in der Lage, dem Riesen auszuweichen, bis dieser müde wird. Weil David eine Waffe hat, die er aus der Entfernung einsetzen kann, gibt es überhaupt keine Notwendigkeit für ihn, Goliath nahe herankommen zu lassen. Er muss nur seine Intelligenz und seine Treffsicherheit einsetzen, den verwundbaren Punkt Goliaths bestimmen und dann aus der Entfernung genau dorthin zielen. Und David gelingt es tatsächlich, aus seiner vermeintlichen Schwäche eine Stärke zu machen.

Goliath ist der Schwächere

Was bedeutet das in der Wirtschaft? Konzerne sind wie große Supertanker, während kleine Unternehmen wie wendige und reaktionsschnelle Motorboote sind. Goliaths sind eher langsam, träge und oft schwerfällig, behäbig. Um mit ihrer eigenen Größe klarzukommen, müssen sie stark „standardisiert" vorgehen, brauchen „standardisierte" Produkte und Verkaufsschienen, die keinen Platz für „individuelle" Bedürfnisse und Kundenwünsche lassen. Es ist eher unwahrscheinlich, dass Sie einen „Konzerngegner" außer Gefecht setzen, und es ist auch unnötig.

Es gibt in unserer Welt heute genug Beispiele dafür, dass die „Kleinen" viel öfter gewinnen, als man gemeinhin denkt. Entscheiden sich die „Schwächeren" dafür, den Krieg nicht nach den Regeln der Stärkeren zu führen, sondern mit einer unkonventionellen Guerillataktik zu agieren, dann gewinnen sie meist. Suchen Sie sich eine Nische, die Goliath nicht bedienen kann – dort genau liegt Ihre Chance! Doch leider machen die meisten Davids auf dem Markt den Fehler, so sein zu wollen wie die Goliaths: Sie verzetteln sich mit einem viel zu „breiten" Angebot, das sie sich bei den Großen abschauen.

BEISPIEL ## Von der Macht einer klitzekleinen Holzschraube

Es ist Samstag. Sonntagmorgen werde ich ganz früh nach Salzburg zu einem Vortrag fahren, aber heute habe ich frei: Männertag – nur meine beiden Jungs und ich. Wir spielen im Hof Fußball. In der Halbzeitpause kommt meine Frau, die mit meinem Auto beim Baumarkt war: „Schatz, etwas mit dem Luftdruck stimmt nicht." Tatsächlich verliert der rechte Hinterreifen an Luft. Schlagartig hat sich die Prognose für meine Reise nach Salzburg morgen früh drastisch verschlechtert. Sofort fahre ich zum Autohaus meines Vertrauens – es ist wie gesagt Samstag, 11.45 Uhr.

Günther Erb, Mitarbeiter des Autohauses, ist hilfsbereit und lässt gleich vom Kollegen, meinem Nachbarn Norbert, mein Auto aufbocken. Und siehe da: Im Reifen steckt eine Holzschraube. Ich sehe sie nicht nur, ich höre sie auch frech ein Liedchen pfeifen. David, die kleine Holzschraube, hat den unbezwingbaren Goliath, mein Auto, vernichtend geschlagen! Klein schlägt groß und greift bei den empfindlichen Weichteilen, meinen Reifen, äußerst erfolgreich an. Wahrscheinlich lag der kleine Giftzwerg super positioniert auf der Straße und direkt im Weg. Und jetzt?

Günther Erb kombiniert messerscharf: „Herr Reuter, Sie haben doch nächste Woche sowieso einen Termin für die Sommerreifen – am Mittwoch, oder?" Klar hat er Recht – topfit der Mann, wie er als Mitarbeiter seine Termine im Kopf und den Laden im Griff hat! Zwei Sekunden später sehe ich, wie meine neuen (und ziemlich coolen) Sommerreifen um die Ecke gerollt kommen. „Dann wechseln wir die Reifen sofort, ist doch klar. Sie sind doch auch Dienstleister, Sie wissen Bescheid." Ich bin begeistert und ein bisschen sprachlos. Eine Viertelstunde später habe ich meine Sommerreifen drauf. So geht wirklicher Service heute: beherztes Anpacken, direkt am akuten Engpass – und das ganz ohne Werbeplakat mit „weich gespültem" Slogan. Respekt!

Vom Kunden her gedacht

Und die Moral von der Geschicht:
1. Eine kleine Schraube ist, optimal positioniert, stärker als ein Auto. Spitz, im rechten Winkel und an der richtigen Stelle angesetzt ist sie im Stande, fast jedes Gefährt lahmzulegen.

2. Weiche Faktoren schaffen harte Fakten. Der richtig gute Service – 007-Action statt 0815-Service nenne ich das – bewegt mich am nächsten Tag nach Salzburg und als Kunden dazu, diese kleine Story hier zu erzählen für die Davids dieser Welt und ihre Chancen, mit gutem Service an den dicken Goliaths vorbeizurollen.

Die Sorte Goliaths, mit der ich in meiner Branche sehr häufig zu tun habe, sind die Pharma-Riesen. Sie zeigen eindrücklich ihre Schwächen, auch wenn sie nach außen stark zu sein scheinen.

Riesen unter sich

Unseren Goliath, um den es hier geht, nennen wir einfach „Big Pharma". Das ist ein Großkonzern, ein Pharma-Riese, der ein Problem hat: Patente für „Blockbuster"-Medikamente, die bisher zuverlässig weltweit Milliardenumsätze bescherten, laufen aus, und der Wettbewerb steht mit den Nachahmerprodukten, den sogenannten Generika, in den Startlöchern. Das wäre an sich kein Problem, denn das ist Alltag im Pharma-Geschäft. Doch Big Pharma hat nicht vorgesorgt und leider keine innovativen Produkte am Start, die zu Nachfolgern der Blockbuster werden könnten. Kurz und gut: Die Produktpipeline für Neuentwicklungen ist leer. Man hat sich viel zu lange auf den Lorbeeren ausgeruht.

Vom blauen Ozean ins Haifischbecken

Die Preisschlacht mit den Wettbewerbern und deren Nachahmerprodukten droht brutal zu werden, zumal die Krankenkassen zeitgleich die Flanke unseres Goliaths attackieren und ebenfalls die Preise drücken wollen. Goliath wird also gleich von zwei Seiten in die Zange genommen. Zu allem Überfluss werden die Anforderungen an innovative Medikamente immer komplexer und teurer, so dass die Entwicklung neuer Heilmittel immer höhere Kosten verschlingt. Goliath steht mit dem Rücken zur Wand.

Bis vor kurzem war das Unternehmen mithilfe von zwei Blockbustern gut aufgestellt und hielt quasi das Monopol für die Mittel zur Behandlung von erektiler Dysfunktion und zu hoher Cholesterinwerte. Das sind zwei der umsatzstärksten Arzneimittel weltweit! Big Pharma hatte mit seinen Blockbustern einen neuen „blauen Ozean" geschaffen und konnte den Preis diktieren, denn die Nachfrage war (und ist) ungebrochen. Dementsprechend war Big Pharma berühmt-berüchtigt für seine Finanzkraft und für seine schier grenzenlose Größe und Macht. Doch mit dem Ablauf des Patentes auf das Medikament wird der Markt zum Haifischbecken, zum „roten Ozean", in dem Blut fließt. Verdrängungswettbewerb pur. Die Rabattschlacht mit dem Wettbewerb hat begonnen, und die Marktanteile des Originalherstellers zeigen eine deutliche Tendenz nach unten.

Die Positionierung von Big Pharma ist mit dem Ablauf des Patentschutzes für die beiden Medikamente Geschichte. Das temporäre Monopol und die daraus resultierende „Goldquelle" versiegen. Übrigens haben viele Großunternehmen das Problem, nicht mehr kreativ zu sein und in den eigenen Reihen keine Innovationen mehr hervorbringen zu können – ein weiteres Zeichen ihrer Behäbigkeit. Dies wird durch zahlreiche Studien belegt: Dietmar Harhoff, der am Max-Planck-Institut für Innovation und Wettbewerb das Innovationsverhalten von Unternehmen wissenschaftlich untersucht, kommt zu dem Ergebnis: „Große Unternehmen sind sehr gut darin, mit kleinen Verbesserungen ihre bestehenden Produkte und Prozesse weiterzuentwickeln. Aber mit radikalen Innovationen tun sie sich schwer." Mit anderen Worten: Konzerne feilen an Detailverbesserungen, doch fehlt ihnen der Blick für radikal Neues (Scherer 2014).

Um die Aktionäre bei der Stange zu halten, versucht Big Pharma jetzt, Innovationen einzukaufen. Doch der Wettbewerb ist nicht auf den Kopf gefallen. Die versuchte Übernahme eines weiteren Big Players in der Pharmabranche schlug bis jetzt mehrfach fehl, weil der Übernahmekandidat sehr wohl weiß, wie viel Geld in Big Pharmas Kriegskasse vorhanden ist, und den Preis hochtreibt. Riesen unter sich!

Transparenter könnte es nicht sein: Größe und Geld sind in diesem Fall nicht das Synonym für Macht, sondern ein Symbol der Schwäche. Bis Big Pharma wieder agil genug ist, um sich erneut klar am Markt zu positionieren, kann es zu spät sein, und seine Havarie ist möglicherweise nicht mehr zu verhindern. Wenn Goliath nichts Besseres einfällt, als einen anderen Goliath zu übernehmen, wird es eng.

Andere „Big Pharmas" versuchen, sich mit trickreichen und nicht immer fairen Taktiken über Wasser zu halten. Etwas weniger vornehm ausgedrückt, könnte man auch sagen: Es wird mit harten Bandagen gekämpft. Da wird zum Beispiel versucht, eine Produktlinie von Nahrungsergänzungsmitteln mit 22 verschiedenen Produkten an den Kunden, sprich: den Apotheker, zu bringen. Der Apotheker muss die gesamte Produktpalette bestellen, anstatt nur die 2 bis 3 Produkte, die wirklich gut laufen.

Wer dann tatsächlich die gesamte Produktlinie abnimmt und von allen Apothekern am meisten verkauft, wird mit einem einwöchigen Urlaub im 4-Sterne-Wellness-Hotel von „Big Pharma" belohnt. Seriös geht anders.

Start-ups sind innovationsfreudig

Weitere „politische" Maßnahmen, mit denen sich Goliaths aus ihren Miseren herauszuwinden versuchen, ist der mittlerweile sehr beliebte Kauf von kreativen Start-ups. Sogar „in die Lehre" gehen viele Konzerne jetzt bei den Start-ups, denn sie entwickeln sich zunehmend zur ernst zu nehmenden Konkurrenz. Die Start-up-Mentalität ist „david-typisch": Existenzgründer gelten als risikofreudig, von einer Vision getrieben und fokussiert. Ihre Kultur ist innovationsfördernd, und mit Ressourcen gehen sie schonend um – klar, weil sie nur wenige haben und daher von allein mit ihren Kräften sorgsam haushalten. Start-ups bringen neue Produkte schnell auf den Markt und sind im intensiven Dialog mit ihren Kunden (PM Automic 2017).

Big Pharma fehlen wie fast allen Goliaths diverser Branchen völlig die drei wichtigsten Werte für jeden Unternehmer: das Warum, die Humbition und eine klares strategisches Vorgehen:

1. Sich nicht auf den (Geld-)Lorbeeren auszuruhen, sondern ständig den Status quo in Frage zu stellen und leidenschaftlich danach zu streben, jeden Tag ein kleines bisschen besser zu werden. Da wird nichts kreiert, nichts in Frage gestellt, keine „heilige Kuh" geschlachtet – und dementsprechend gibt es auch keine leckeren Steaks.

2. Die Humbition: Goliath klotzt mit Geld, aber es fehlt an der Bereitschaft, dazu zu lernen – stattdessen heißt es: Helm auf, Visier runter und Hellebarde im Anschlag.

3. Strategie: Strategisch zu denken, heißt *langfristig* zu operieren. Neue Produkte müssen rechtzeitig am Start sein, wenn alte auslaufen. Da gibt es kein Pardon.

Spielt David nach den Regeln Goliaths, wird er verlieren. Spielt er nach seinen eigenen Regeln, dann gewinnt er. Statt die Goliaths zu verdammen, können Sie als David von ihnen lernen, und zwar mit der Steinschleuder „ERSK" (oder „EKRS").

Davids Erfolgstaktik, die Erste: weglassen, minimieren, steigern und kreieren

„EKRS" ist die Abkürzung für vier Faktoren, die Ihnen Anregungen geben, Ihr Angebot auf Ihre Zielgruppe optimal zuzuschneiden:

- ▒ E = Eliminieren
- ▒ K = Kreieren
- ▒ R = Reduzieren
- ▒ S = Steigern

Braucht David eine Rüstung? Definitiv nein! Sie ist nur unnötiger Ballast und hat für ihn als Schleuderkämpfer überhaupt keinen Wert. Wenn Sie die Gedankenkette „Krieger brauchen eine Rüstung. Ich bin ein Krieger, also brauche ich eine Rüstung" durchbrechen wollen, sollten Sie sich folgende Fragen stellen und sie mit aller Offenheit in Ruhe beantworten: Was betrachten Sie als selbstverständlich, obwohl es schon lange keinen Nutzen mehr hat oder sogar schädlich geworden ist? Was steht vielleicht Ihrer Einzigartigkeit nur im Weg und trägt dazu bei, dass Sie in der Austauschbarkeitsfalle stecken? Was frisst Zeit und verursacht hohe Kosten, bringt aber unter dem Strich nichts oder hat keine Kundenresonanz, ist also nur ein teures „Nice-to-Have"? Das können zum Beispiel überflüssige Produkte oder Produktelemente sein.

E = Eliminieren, weglassen

Geradezu prototypisch ist das Beispiel des Cirque du Soleil. Wenn man Menschen vor der Gründung dazu befragt hätte, was einen Zirkus ausmacht, hätten sie geantwortet: wilde Tiere und Dressurnummern, Löwen, Tiger und Elefanten. Doch der Cirque du Soleil hat keine einzige Nummer im Programm, in der wilde Tiere vorkommen. Es gibt *überhaupt keine* Tiere in diesem Zirkus!

Die Gründer waren klug, denn sie haben genau geschaut, was den Zuschauern ein Zirkusbesuch wert ist. Die Mentalität der Menschen ändert sich, und wenn Unternehmen, die sich auf das gegenseitige Benchmarking – sprich: Nachahmen und Ausrichten an der Konkurrenz statt an Kundenwünschen – verlegen und das nicht mitbekommen, hat es sehr negative Folgen. Stichwort: Nabelschau statt Kundenorientierung! Die Zirkusgründer haben verstanden, dass das Freizeitverhalten der Menschen heute nicht mehr dasselbe ist wie vor 100 Jahren, als jeder Zirkus eine Attraktion war. Zirkus ist heute alltäglich, Zirkus ist heute nichts Besonderes mehr. Aber eine Hochglanz-Show mit Glamour, viel Akrobatik, mit Illusion und Zauberei, die die ganze Familie, die ganze Belegschaft einer Firma oder auch ein romantisch gestimmtes Pärchen für einige Stunden in eine ganz andere Welt entführt – das ist etwas Besonderes und noch immer ein Kunden-Magnet!

R = Reduzieren Sie brauchen nur die Steinschleuder, um stark zu sein und Ihren Gegner mit maximaler Effektivität zu treffen – keine Rüstung, keinen Helm, keine Hellebarde und kein Schwert. Im Unternehmenskontext hilft Ihnen die zweite Frage zu untersuchen, was Sie herunterschrauben können. Wo tun Sie zu viel des Guten? Weniger ist oft mehr – weniger tun, dafür zielgerichteter, spitzer vorgehen. Es gibt immer den idealen Punkt, an dem der Kunde begeistert ist. Wenn Unternehmen darüber hinausgehen, bieten sie den Kunden „zu viel" und erhöhen dadurch ihre Kosten, ohne dass sie etwas davon hätten.

In meiner Apothekerwelt erlebe ich es ganz häufig, dass Patienten hoffnungslos übermedikamentiert sind. Das ist die Folge davon, dass die Menschen Jahre und Jahrzehnte lang darauf konditioniert wurden, bei jedem Wehwehchen gleich zu einer Tablette zu greifen. Oft fällt das erst auf, wenn sie schon zum Frühstück elf verschiedene Medikamente einzunehmen haben. Für den Körper bedeutet das, er wird langsamer, müder, schneller fettleibig, der Hormonhaushalt gerät aus den Fugen – die Stimmung und der Selbstwert fallen ins Bodenlose. Der alte Satz vom „weniger ist mehr" stimmt auch hier, und es ist eine gute Entwicklung, dass Ärzte nun versuchen, weniger zu verordnen und übersichtliche Medikationspläne anzulegen, damit den Patienten transparent wird, was sie alles schlucken.

Mit einer immer komplexer werdenden Welt müssen wir leben, aber wir können eine Menge gegen unnötige Kompliziertheit tun. Wenn Unternehmen das konsequent beherzigen, werden sie viel erfolgreicher am Markt agieren.

▪ Unilever gehört zu den Cleveren unter den Goliaths: Der Konzern reduzierte er die Anzahl seiner Produkte um ganze 75 Prozent! Nun könnte man meinen, dass ein Unternehmen, dass sein Produkt-Portfolio so brutal herunterschraubt, mit hohen Verlusten zu kämpfen hat. Doch das Gegenteil ist der Fall: Heute macht Unilever mit 400 Produkten mehr Umsatz und mehr Gewinn als vorher mit 1.600 Produkten, ja es konnte seinen Gewinn in 12 Jahren sogar verdoppeln. Weniger ist mehr – das hat sogar dieser Goliath inzwischen verstanden.

▪ Wenn Sie Kinder haben, kennen Sie Nutella. Vermutlich haben Sie als Kind selbst schon Nutella gegessen. Der italienische Hersteller produziert seit über 40 Jahren nur *diesen einen* Schoko-Nougat-Brotaufstrich, und zwar in unveränderter Form. Es gibt keine Produktvarianten und keine Ausweitung der Produktlinie. Das Unternehmen ist spitz auf seine Kernkompetenz fokussiert und ist trotz zahlreicher Konkurrenten hochrentabel.

- Die erfolgreiche US-Airline *Southwest* fliegt ausschließlich mit einem einzigen Flugzeugtyp – und hält so ihre Prozesse schlank. Technische Wartung und Ausbildung des Bordpersonals sind dadurch unkompliziert, und jeder ist überall gemäß seiner Qualifikation einsetzbar (Gloger, 2014).

- Und last but not least mein Kollege Gero Altmann und ich: In unseren Apotheken pfeifen wir auf „Depotverträge" mancher Firmen und führen keine Marken, die uns Zwangssortimentierungen aufzwingen wollen, so dass wir 20 oder mehr Artikel einer Produktlinie im Sortiment haben müssen, obwohl sich nur 2 verkaufen und die übrigen Ladenhüter sind. Wir machen uns nicht zum Sklaven einer zu „breit" angelegten Produktpolitik, die uns manche Goliaths mangels Nachdenken aufdrängen wollen.

Merken Sie was? Wer „spitz" positioniert ist, ist „Spitze". Wer aber zu viel macht, kämpft mit steigenden Kosten und komplexen Geschäftsmodellen – und wird am Ende schwerfällig wie ein Goliath.

S = Steigern und Ausbauen Die nächste Frage hilft Ihnen, die Kompromisse, die Ihre Branche den Kunden aufzwingt, zu erkennen und zu beseitigen. Wo ist Ihre Kernkompetenz verwässert, welcher Kompromiss ist völlig unnötig, was können Sie stattdessen besser machen? Was aus Ihrem Kernbereich würde dem Kunden *besonders* gut tun und gefallen? Was könnten Sie tun, das ausgefallen, verrückt und trotzdem oder gerade deswegen besonders gut für Ihre Zielgruppe ist?

Mit Steigerung meine ich hier auf keinen Fall mehr Arbeitszeit, mehr Formulare, mehr Meetings und zu viele Produkte oder Leistungen! Das kann nicht Sinn und Zweck eines Unternehmens und auch kein Modell für einen selbstbestimmten Unternehmer sein. Mehr, immer mehr! Gier wie bei Gordon Gekko aus dem Film „Wall-Street"... – nein, danke! Stattdessen meine ich zum Beispiel mehr Qualität, weniger Produkte, dafür aber in höherer Qualität, bessere Erreichbarkeit (falls es ein Kundenwunsch ist), besserer Service – insgesamt größere Kundennähe und mehr Orientierung an den Kundenbedürfnissen. Der Kundennutzen lässt sich fast immer erhöhen – fragen Sie am besten Ihre Kunden selbst, in welchen Bereichen sie sich eine Steigerung wünschen!

Bruno berichtet

In unserer Apotheke gibt es seit mehr als 10 Jahren ein Qualitätsmanagementsystem, und einige Prozesse sind automatisiert. So hat Jan Reuter einen Kommissionierautomaten eingeführt, der uns die Suche nach den Medikamenten erspart und sie auf Knopfdruck „ausspuckt", so dass wir mehr Zeit für die Kunden haben.

Die letzte Frage endlich bringt Sie dahin, dass Sie völlig Neues erschaffen. Kreativität kann konkret bedeuten: ganz neue Produkte oder Dienstleistungen zu entwickeln, die es noch nicht gibt. Ausgangspunkt ist dabei oft die Beobachtung, welche „Mängel" bisherige Produkte haben. Denken Sie an Joy Mangano und ihren Wischmopp: Sie fand eine kreative Lösung für die anstrengende Putzarbeit, die Hausfrauen rissige Hände und geschundene Rücken beschert. Als kreativer Unternehmer segeln Sie auf dem blauen Ozean und erschaffen einen Markt, wo noch keiner ist.

K = Kreieren

Bruno berichtet

Jan Reuter hat als Apotheker einen eigenen Youtube-Kanal mit Videos und frechen, frischen, jung daher kommenden Gesundheitstipps entwickelt. Oft geht es um homöopathische Mittel – und ich darf mitmoderieren. Mal sprechen wir nur drei Minuten lang, mal 30 Minuten – je nach Thema. Diese Gesundheitstipps sind sehr beliebt, weil es dazu nur wenig im Internet gibt.

Die vier Faktoren EKRS liefern Ihnen einige Anhaltspunkte, systematisch zu untersuchen, wie Ihr persönlicher blauer Ozean aussehen kann. Wenn Sie es schaffen, den Nutzen für Ihre Kunden stark zu erhöhen, haben Sie die Nase vorn. Goliaths haben einen großen Mangel: Sie können nur „standardisierte" Produkte und Leistungen anbieten, und das meist auch noch anonym und unpersönlich, denn ihre Kunden erreichen sie nur über die Werbung, aber nur wenig oder gar nicht im persönlichen Kontakt. „Zwischen" den Standards ist jedoch reichlich Raum für Individualität und Kreativität, für persönliche Kundenansprache und das intensivere Eingehen auf Kundenbedürfnisse. Marktnischen bzw. -lücken tun sich fast überall dort auf, wo Goliath nicht hinreicht. Der Kardinalfehler, den viele Davids machen, ist der, dass sie so sein wollen wie Goliath, dass sie die Goliaths ihrer Branche nachahmen und beispielsweise versuchen, die gleiche Sortimentstiefe oder -breite vorzuhalten, und sich damit gnadenlos verzetteln, anstatt sich spitz zu positionieren.

Die EKRS-Impulslisten

1. **E = Eliminieren:** Was können Sie in Ihrem Business ersatzlos streichen? Auf welche Faktoren, die vielleicht in Ihrer Branche als selbstverständlich betrachtet werden, können Sie ganz verzichten? Machen Sie eine schonungslose Bestandsaufnahme: Was sind die Renner und was die Penner in Ihrer Umsatzstatistik? Was verstopft überflüssigerweise Ihr Sortiment? Welche Produkte oder Leistungen „verwässern" unnötig Ihre Positionierung und Ihr Image und machen Sie in der Wahrnehmung Ihrer Kunden zum „Bauchladen-König"?

2. **R = Reduzieren:** Was sollten Sie unbedingt auf ein unverzichtbares Minimum herunterfahren? Wenn Sie zum Beispiel die Social-Media-Kanäle bespielen wollen, auch wenn Sie dort Ihre Kunden eher nicht erreichen, setzen Sie sich ein Limit: Eine Viertelstunde pro Tag, dann aber richtig, mit voller Kraft und einer knackigen Botschaft.

3. **S = Steigern:** Was können Sie steigern, und zwar weit über den Standard Ihrer Branche und Ihrer Konkurrenz hinaus? Womit wollen Sie sich profilieren? Wo haben Sie Nachholbedarf und in welchem Bereich gibt es deutlich Luft nach oben? Wo fragen Ihre Kunden öfter, weil sie „mehr" möchten, als Sie bisher anbieten? Was würde Ihre Positionierung stärken?

4. **K = Kreieren:** Was können Sie an Neuem erschaffen, das es bisher noch nicht gibt auf dem Markt? Was könnte für Ihre Kunden hoch attraktiv sein, ihnen neue Erfahrungen bescheren oder bisher ungelöste Probleme lösen? Welche außergewöhnlichen Stärken und Fähigkeiten setzen Sie noch nicht für Ihre Kunden ein? Welche lassen sich zu etwas Innovativem kombinieren, so dass sich Ihnen eine neue Nische erschließt?

Mit den vier Faktoren dieser Impulsliste haben Sie eine echte David-Steinschleuder in der Hand – überzeugen Sie sich selbst und wenden Sie sie an! Falls die Medizin erst ein bisschen bitter schmeckt – sie wirkt garantiert. Idealerweise sollten Sie mit S und K beginnen. Sobald Sie Ihren Kunden einen höheren Nutzen bieten und sich der Erfolg einstellt, machen Sie mit R und E weiter, also reduzieren und eliminieren Sie die Dinge im Unternehmen, die Ihnen keinen Erfolg bringen.

Davids Erfolgstaktik, die Zweite: die Kraft Ihrer emotionalen Positionierung

An einem der vier Faktoren gehen wir nun noch ein Stück weiter in die Tiefe, und zwar bei der *Steigerung*. Falls Sie sich fragen, was Sie praktischerweise bei sich im Unternehmen steigern können, müssen Sie natürlich Ihre individuell gültige Antwort finden. Es gibt aber einen Bereich, an dem Sie grundsätzlich immer „schrauben" können, und das ist die Steigerung von Emotionen. Das ist der größte Hebel, den Sie ansetzen können, denn wir alle sind hoch emotionale Wesen, und Emotionen sind unser größter Antreiber. Wenn Sie Kinder haben oder schon einmal verliebt waren, wissen Sie genau, was ich meine.

BEISPIEL **Fakten nehmen wir zur Kenntnis, Emotionen berühren uns**

Der New Yorker Central Park im Mai: Die Sonne scheint, Jogger und Spaziergänger laufen freudig kreuz und quer, Wärme und Frühlingsdüfte liegen in der Luft. Vor dem Eingang zum Park sitzt ein blinder Bettler und bittet um Almosen. Er hat einen Pappdeckel vor sich liegen, auf dem folgender Text steht: „Ich bin blind. Bitte helfen Sie

mir." Armer Kerl, keine Frage. Fast alle Passanten jedoch gehen unge-
rührt vorbei; kaum jemanden lockt er mit diesem Spruch aus der Reser-
ve. Bis eine Werbetexterin an ihm vorbeiläuft und Mitleid empfindet.
Sie hat ihren Geldbeutel vergessen, aber sie bietet ihm an, einen neu-
en Text für sein Schild zu schreiben. Gesagt, getan: Der Bettler bedankt
sich, und sie geht weiter zur Arbeit. So unscheinbar dieser Tag begonnen hat, so wenig wird der Bettler ihn nach dem Besuch der hilfreichen
Dame jemals vergessen: Er bekommt an diesem einzigen Tag mehr Geld
als sonst in zwei bis drei Wochen. Immer wieder muss er es aus seinem
Schälchen herausholen und zur Seite legen.

Auf ihrem Nachhauseweg kommt die Werbetexterin wieder vorbei und
sagt hallo. Er fragt sie neugierig: „Was haben Sie bloß auf mein Schild
geschrieben?", und sie antwortet: „Das, was vorher auch schon drauf-
stand – nur mit anderen Worten." Statt „Ich bin blind. Bitte helfen Sie
mir." steht nun auf dem Schild: „Es ist Frühling, die Sonne scheint und
die Blumen blühen. Es ist ein wunderschöner Tag, und ich kann es nicht
sehen!"

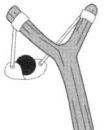

So kommen Sie Schritt für Schritt zu Ihrer emotionalen Positionierung:

1. Fangen Sie bei sich an
Die starke Emotion muss zuerst in *Ihnen* sein, damit der Funke
überspringen kann, und Sie Mitarbeiter und Kunden im positiven
Sinne „anstecken" können. Ihr stärkster Antreiber ist natürlich
Ihr Warum. Wie stark ist es wirklich? Sind Sie schon bei der tiefs-
ten Wurzel Ihrer Motivation angekommen?

Denken Sie an David: Sein Warum war fast das stärkste, das ein
Mensch haben kann: die Liebe zu denen, die ihm nahestanden.
Er kämpfte in einem Krieg. Er wollte verhindern, dass seine Frau
und seine Kinder versklavt, verletzt oder vergewaltigt werden.
Er wollte, dass sie eine gute und sichere Zukunft vor sich haben.

Was oder wen lieben Sie am meisten? Was würden Sie am aller-
liebsten tun, wenn es keine Begrenzungen gäbe? Was begeistert
Sie, wenn Sie an Ihr Geschäft, Ihre Produkte oder Kunden denken? Begeisterung – Freude – Liebe, das sind die Schlüssel zu
Ihren Emotionen und zu denen Ihrer Kunden.

2. Erweitern Sie den Kreis in Ihr Umfeld

Was für Sie gilt, gilt auch für Ihre Mitarbeiter. Nur glückliche und
zufriedene Mitarbeiter sind begeisterte Mitarbeiter! Wie ist die
Grundstimmung bei Ihnen im Unternehmen? Ziehen alle an
einem Strang, stehen sie füreinander ein? Sind sie *high on
emotion*, high von den richtigen Neurotransmittern Serotonin
und Oxytocin? Nur dann springt der Funke nämlich nach außen
über und mitten ins Herz der Kunden. Übrigens: Mitarbeiter
sind meist dann hoch motiviert und begeistert, wenn sie ihren
Stärken und Fähigkeiten entsprechend eingesetzt werden (die
EKS lässt wieder grüßen).

Emotionale
Bilder entstehen
lassen

3. Treffen Sie Ihre Kunden ins Herz

Ihr Service, Ihre Beratung, Ihre Produkte und Dienstleistungen
sind optimal? Dann lassen Sie beim Kunden positiv besetzte
Bilder, emotionale Bilder, entstehen. Denn auch Kunden sind
Menschen und damit emotional gesteuerte Wesen. Ihre Kunden
sollten nicht nur zufrieden, sondern auch begeistert sein. Preis
und Performance sind die Stellschrauben, an denen jedes Unternehmen drehen kann – nur die Emotion macht einen echten
Unterschied. Und genau darum muss Ihr Warum durch alles,
was Sie tun, und dadurch, wie Sie es tun, durchschimmern –
nur dann treffen Sie mitten ins Kundenherz.

Taylor Swift und Apple

Taylor Swift ist ein ganz persönliches Idol von mir. Damit plaudere ich aus dem Nähkästchen, denn eigentlich bin ich ja Punk-Fan. Ich will erzählen, wie sich diese Frau für ihre Musikerkollegen aus dem Fenster gelehnt hat, und zwar auf eine absolut hinreißende „David-Art". Apple wollte seinen neuen Streaming-Dienst Apple Music in den ersten drei Monaten kostenlos anbieten. Schön für die Hörer, aber unschön für die Musiker, die kein Honorar bekommen hätten. Wenn man Phil Collins oder Coldplay heißt und entsprechend gut verdient, sind das Verluste, die man aus der Portokasse bezahlen kann. Aber wenn man ein junger Musiker, eine junge Band ist, dann macht jeder Dollar einen Unterschied. Und Taylor Swift konnte sich offensichtlich noch daran erinnern, wie es war, bevor sie mehr Geld hatte, als sie ausgeben kann.

BEISPIEL

Wie nimmt man es mit einem Konzern auf, der Hunderte von Milliarden Dollar schwer ist und eine geballte Marketingpower hinter sich hat? Die unwiderstehliche Antwort lautet: mit offenem Visier und sehr liebevoll. Taylor Swift hat Apple einen absolut bezaubernden kleinen Liebesbrief geschrieben, einen kurzen und berührenden Text, der mit den Worten endet: „Wir bitten Euch ja auch nicht, uns kostenlose iPhones zu geben." Taktisch klug und emotional überwältigend spontan. Nur Stunden nach dieser Botschaft knickt Apple ein, und das Modell des kostenlosen Dienstes ist vom Tisch.

Ganz ohne Rüstung, schwere Bewaffnung und ohne die in den USA vielleicht zu erwartende Armee von Anwälten hat die „kleine" Taylor Swift den „großen" Apple in die Schranken gewiesen — mit einem kostenlosen Twitter-Account und mit viel Gefühl!

Doch Apple ist nicht nur der nach Marktanteilen hungrige Konzern, sondern auch ein Kultunternehmen, nach dessen Produkten viele lechzen, sobald wieder ein neues auf dem Markt ist: Apple hat keine Kunden, Apple hat Fans! Apple stellt Computer her (das ist es, was sie tun), die technisch führend und absolut benutzerfreundlich sind (das ist, wie sie es tun). Aber wenn sie ausschließlich das in eine Werbeaussage packen würden, könnte das ebenso gut eine Werbung für Dell, für Lenovo oder für Medion sein – da lauert die Austauschbarkeitsfalle! Wie ist es also möglich, dass Apple-Produkte, die technisch nicht signifikant besser sind als die der Konkurrenz, auch nach vielen Jahren immer noch so einen großen Hype verursachen, sobald sie auf den Markt kommen?

Lebens-einstellung statt Produkt

Das passiert, weil Apple auch die allerwichtigste Frage, die Frage nach dem Warum, beantwortet. Das Unternehmen zeigt dem Kunden den Grund für sein Schaffen, für das, was es grundsätzlich antreibt: „Wir von Apple glauben, dass man sich nie auf seinen Lorbeeren ausruhen darf, ständig den Status quo hinterfragen und sich ständig überlegen muss, wie wir Dinge dramatisch ändern und bewegen können, um die Welt jeden Tag ein klitzekleines bisschen besser zu machen. Wir machen das auf unsere Weise, nämlich indem wir sehr stylische, wunderschön designte und extrem benutzerfreundliche Produkte produzieren. Und übrigens – wir sind eine Computerfirma. Haben Sie Lust auf solch einen Computer?" Apple erklärt sein Warum so überzeugend und emotional, dass wir nicht nur ein MacBook oder ein iPhone kaufen, sondern eine ganze Lebenseinstellung.

Kunden sind Menschen, und Menschen kaufen Gefühle – weil sie davon im Alltag immer weniger wahrnehmen oder mitbekommen und weil die Goliaths keine haben.

Nehmen Sie sich Zeit, um an Ihrer emotionalen Positionierung zu arbeiten. Solange, bis Sie von sich sagen können: Ich bin im Markt die kleinste Nummer – die Nummer eins! Auch und vor allem als David.

David in Topp-Form

What's the story? Mornin' Glory!

BEISPIEL

Gillette und Wilkinson sind markentechnisch die Big Players im Markt der männlichen Nassrasur. Und der wiederum ist riesig: Rund 500 Millionen Euro pro Jahr geben die deutschen Männer für ihre Nassrasur inklusive Rasierwasser aus. Der Löwenanteil dieses Riesenbudgets fließt in die Position „Rasierklingen". Ein Viererpack „Gillette Fusion ProGlide" kostet aktuell im Drogeriemarkt um die 18 Euro. Für eine einzige Rasierklinge zahlen Männer also schon um die 4,50 Euro, und die Preisspirale scheint immer noch Luft nach oben zu haben. Die beiden Markenhersteller teilen sich 79 Prozent eines Weltmarktes, der europaweit ein Volumen von 2,6 Milliarden Euro hat. Um das Allerweltsprodukt „Rasierklinge" weiterhin innovativ wirken zu lassen, werfen die Marktführer in immer kürzer werdenden Zyklen Pseudo-Neuheiten auf den Markt, also etwa Klingen mit vier, fünf oder sechs Schneiden, Feuchtigkeit spendende Gel-Reservoirs oder anderen Gadgets. Diese „Hightech-Anmutung" hat den beiden Goliaths bis dato dabei geholfen, die hohen Preise durchzusetzen. Dabei bekämpften Männer ihre Stoppeln auch schon zu den Zeiten erfolgreich, als Rasierblätter noch nicht en gros in eine Klinge gestopft wurden, Rasierergriffe nicht von selbst vibrierten und Klingen sich noch nicht hinter Gittern verstecken mussten.

Gillette und Wilkinson beherrschen bis heute mehr oder weniger unangefochten die Welt der Nassrasur. Gillette, im Jahr 2005 vom US-Konzern Procter & Gamble geschluckt, bringt es auf einen rekordverdächtigen Weltmarktanteil von 70 Prozent. Konkurrent Wilkinson hält weltweit 20 Prozent. In Deutschland und Europa sind die Kräfteverhältnisse nur wenig anders. Lediglich ein Zehntel des Marktes bleibt für die „Private Labels", wie die Eigenmarken des Handels heißen, die eine Alternative zu den teuren Markenklingen sein können. Doch die Handelsketten haben grundsätzlich angesichts der hohen Gewinnmargen bei den Markenklingen nur wenig Interesse daran, die eigenen, günstigeren Klingen offensiv zu vermarkten und es sich nebenbei mit den Goliaths zu verscherzen. Umso mehr, als Gillette etwa sowieso unter dem Dach von Goliath Procter & Gamble agiert, der noch weitere für den Handel wichtige Erfolgsmarken herstellt (Fründt, 2013).

Disruption! Rasierklingen im Abo

Aber nun steht der Status quo in der Welt der Rasierklingen vor einer großen Veränderung. Renitent wie das berühmte kleine gallische Dorf bei „Asterix" fordern unabhängige Kleinsthersteller die ganz Großen heraus. Sie haben jetzt via Internet die Chance, ihre Produkte an den großen Händlern vorbei zu vermarkten. Das Berliner Start-up „Mornin' Glory" verschickt seit Ende November 2012 europaweit Nassrasurklingen im Abonnement. Die Initialzündung für die Geschäftsidee war ein klassischer Engpass bei der Zielgruppe. Nicolas Stoetter, einer der beiden Gründer, erklärt: „Ich fühlte mich jedes Mal über den Tisch gezogen, wenn ich neue Klingen kaufen musste. Zu allem Überfluss muss man die Packung mühsam aufbrechen oder stellt fest, dass die Klingen nicht auf den Rasiergriff passen. Damit Männer das nie wieder erleben müssen, haben wir Mornin' Glory gegründet." Stoetter weiter: „Eine strukturelle Veränderung auf dem Rasierklingenmarkt ist seit Jahren überfällig. Der Kauf im Supermarkt ist lästig und die Preise für hochwertige Rasierklingen durch die hohen Margen jenseits der Schmerzgrenze" (Panknin, 2013).

Zielgruppengerechte Produkte

Mornin' Glory setzt am neuralgischen Punkt der Kundenunzufriedenheit, dem zu hohen Preis, an und nutzt dafür den Vertriebskanal Internet. So konnte das Unternehmen klein und mit wenig Risiko starten. Aktuell arbeitet Mornin' Glory mit einem flexiblen Abomodell in zwei Varianten und verschickt die Klingen versandkostenfrei nach ganz Europa. Hochgerechnet auf einen regelmäßigen Einkauf der teuren Produkte aus dem Super- oder Drogeriemarkt verspricht Mornin' Glory rund 50 Prozent Einsparpotenzial. Um sicherzustellen, dass die abonnierten Klingen auch auf den Rasiergriff passen, schickt der Dienst in der ersten Lieferung diesen gleich kostenlos mit. Den Griff versendet Mornin' Glory in einer Verpackung, die einer Zigarrenhülle ähnlich sieht – ein Schelm, wer dabei an ein Phallussymbol denkt.

Die zwei Abovarianten heißen „Freshman" und „Alpha", wobei Letzteres natürlich eine Anspielung auf ein „Alpha-Männchen", einen „Rudelführer", darstellt. Stoetter gibt sich nonchalant: „Wir sind uns der sexuellen Doppelbedeutung natürlich bewusst und setzen explizit auf eine freche und frische Markenpositionierung, auch im Hinblick auf die etablierte Konkurrenz wie Gillette." Mornin' Glorys Webauftritt strotzt dementsprechend vor Anspielungen auf Männlichkeit und Kraft, etwa mit einem Lippenstiftabdruck und dem Spruch „Scharfe Klingen für scharfe Typen".

Doch Mornin' Glory ist nicht allein am Markt. Der Mitbewerber Shavelab aus München wagte es überhaupt als erstes Internet-Unternehmen, mit den Rasur-Riesen Gillette und Wilkinson die Klingen zu kreuzen. Das Start-up fertigt seine Rasierer auf eigenen Maschinen in Fernost und vertreibt die produzierten Klingen ausschließlich über das Internet. Auch wenn die Münchner weniger spitz aufgestellt sind und neben den Klingen für die männliche Nassrasur Produktpakete für den weiblichen Bedarf anbieten, wächst das Unternehmen nach eigenen Angaben um mehr als 30 Prozent von Quartal zu Quartal und erwartet, in Anbetracht der hohen Kundenanzahl sehr zeitnah in den sechsstelligen Bereich vorzustoßen. Es gibt eben viele unbesetzte Marktnischen (= blaue Ozeane), die die beiden Goliaths kleineren Anbietern übrig lassen (Panknin, 2013).

Einer der großen Hersteller soll bereits mehrfach juristisches Geschütz gegen den kleinen Konkurrenten aus München eingesetzt haben – eine einfallslose Waffe, die da zum Einsatz kam. Goliath scheint David also durchaus ernst zu nehmen. Tatsächlich scheint gerade die Frage der Preisgestaltung ein wunder Punkt der Großen zu sein. Informationen eines Insiders, die vor einiger Zeit durch die Presse gingen, legten offen, wie hoch die Margen von Herstellern und Handel wirklich sind. Die erwähnte Klinge des Typs „Gillette Fusion Power" kostet demnach in der Herstellung inklusive Verpackung umgerechnet nur etwas über acht Cent. Den größten Profit machen hier die Hersteller, die die Klingen mit über 2.000 Prozent Preisaufschlag weiterverkaufen. Aber auch für den Handel bleiben noch große Gewinnmargen.

Die Großen nehmen die Herausforderung an

Die Crux der Goliaths ist: Sie müssen teuer bleiben, damit die Kunden weiter an die Überlegenheit ihrer Produkte glauben. Sonst würden sie zu nah an die Positionierung der Handelsmarken heranrücken, was der Handel wahrscheinlich nicht tolerieren würde. Hier liegt genau die Chance für die Davids, die darüber hinaus jetzt schon wieder über den Tellerrand schielen: Shavelab liebäugelt bereits mit einem Modell für Elektrozahnbürsten, weil die Preise für die Ersatzbürsten schließlich auch recht großzügig kalkuliert sind (Fründt, 2013).

Das Internet ist Davids Chance

Rasierklingen im Abo – das Internet ist eben des einen Sorge und des anderen Zukunft! Was dabei auffällt: Das Internet ist sehr oft Goliaths Sorge – dafür aber Davids Zukunft. Die Kleinen, die Wendigen, die Agilen finden hier einen Vertriebskanal, der ihnen fast unbegrenzte Möglichkeiten eröffnet. Und sie nutzen das aus! Konzernen fehlt oft der Wille und auch die Chuzpe, neue und kreative Blickwinkel auf ihr Geschäft zu entwickeln. Und wenn es Ideen gibt, sind sie oft konstruiert, künstlich und gehen am Kundenbedarf vorbei. Die Großen haben es schwer, den Finger an den Puls der Kunden zu legen, trotz (oder wegen) großer Marketingabteilungen und komfortabler Ressourcen bei der Marktforschung. Den kleinen Unternehmen und Unternehmern aber spielt noch der Alltag in die Hände – weil sie nah genug dran sind an den Menschen und am wirklichen Leben, um ganz reale Bedürfnisse aufzugreifen.

Fazit

■ Kommen Sie Ihrem Gegner zuvor – mit der David-Taktik. Damit sind Sie immer besser vorbereitet.

■ Durchbrechen Sie die Erwartungen Ihrer Konkurrenz: Indem Sie nicht nur kommunizieren, *was* Sie machen und *wie* Sie es machen, sondern auch und vor allem, *warum* Sie es machen – und zwar mit viel Gefühl.

- Besinnen Sie sich auf Ihre ureigenen Stärken: Nur ein *bescheidener* Hirtenjunge gibt sich mit einer kleinen Steinschleuder zufrieden und ist trotzdem so *ehrgeizig*, dass er es mit dem ganz Großen aufnimmt. Und er übt, bis er perfekt ist!

Ein Wort zum Schluss

Denken Sie immer daran: Sie sind ein selbstbestimmter Unternehmer und wahrscheinlich ein David. Geben Sie niemals auf, bevor Sie nicht die kleinste Nummer im Markt sind, die Nummer 1. Sie haben Ihren ganz persönlichen Auftrag zum Erfolg: Jeden Tag mit gesundem Ehrgeiz und dem nötigen Schuss Bescheidenheit ein kleines bisschen besser zu werden! Wir haben nicht das Recht, vorher aufzuhören.

In diesem Sinne: Do what you love – as hard as you can!

Viel Erfolg dabei wünschen Ihnen „Bruno" und Jan Reuter!

Literatur- und Quellenverzeichnis

Böcking, David / Müller, Martin U.: *Deutsche Fluggesellschaften in der Krise: Die Luft ist raus*, 2016. http://www.spiegel.de/forum/wirtschaft/deutsche-fluggesellschaften-der-krise-die-luft-ist-raus-thread-522719-1.html, letzter Zugriff am 7. 5. 2017.

Brandes, Dieter / Brandes, Nils: *Einfach managen. Komplexität vermeiden, reduzieren und beherrschen.* München: Redline, 2013.

Baum, Thilo: *Performance aus Zielgruppensicht*, 2012. http://www.thilo-baum.de/blog/business/performance-aus-zielgruppensicht/, letzter Zugriff am 22. 4. 2017.

Clausen, Sven: *Bei L'Oreal endet eine Liebesbeziehung*, 2017. http://www.manager-magazin.de/unternehmen/handel/l-oreal-lotet-verkauf-von-the-body-shop-aus-a-1133634.html, letzter Zugriff am 25. 4. 2017.

Coelho, Paulo: *Die Geschichte vom Bleistift.* In: Walbrecker, Dirk (Hrsg.): Brasilien. Mythen, Märchen und andere Geschichten, S. 161 – 163. München: Grubbe (Edition SOS-Kinderdörfer: Geschichten aus aller Welt), 2012.

Corssen, Jens: *Das Corssen-Prinzip. Die vier Werkzeuge für ein freudvolles Leben.* München: Arkana, 2016.

Förster, Anja / Kreuz, Peter: *Ferrari im Operationssaal – Great Ormond Hospital for Children*, 2011. http://www.foerster-kreuz.com/ferrari-im-operationssaal-great-ormond-street-hospital-for-children/, letzter Zugriff am 8. 3. 2017.

Diess.: *„To Do" oder „Not to Do" – das ist hier die Frage*, 2013. http://www.foerster-kreuz.com/to-do-oder-to-dont-das-ist-hier-die-frage/, letzter Zugriff am 2. 4. 2017.

Förster, Nikolaus: *Dirk Rossmann: „Ich hatte das Kerngeschäft aus den Augen verloren"*, 2016. https://www.impulse.de/management/dirk-rossmann-2/1019517.html, letzter Zugriff am 2. 4. 2017.

Friedrich, Kerstin / Malik, Fredmund / Seiwert, Lothar: *Das große 1 x 1 der Erfolgsstrategie. EKS®: Die Strategie für die neue Wirtschaft.* Offenbach: GABAL, 2016.

Fründt, Steffen: *Hoffen auf das Ende der überteuerten Rasierklinge*, 2013. https://www.welt.de/wirtschaft/article116942313/Hoffen-auf-das-Ende-der-ueberteuerten-Rasierklinge.html, letzter Zugriff am 28. 4. 2017.

Gladwell, Malcolm: *David und Goliath. Die Kunst, Übermächtige zu bezwingen.* Frankfurt / New York: Campus, 2013.

Gloger, Axel: *Die Kunst, nicht zu entscheiden.* www.handelszeitung.ch, 21. 8. 2014.

Grossarth, Jan: *Der Größenwahn des Siegfried Hofreiter*, 2016. http://www.faz.net/aktuell/finanzen/anleihen-zinsen/mittelstandsanleihen/wie-siegfried-hofreiter-die-ktg-agrar-in-den-bankrott-fuehrte-14459503.html, letzter Zugriff am 14. 3. 2017.

Heinrich, Stephan: *Gute Geschäfte. 52 clevere Tipps für profitable Beziehungen im Business.* Norderstedt: Book on Demand, 2014.

Hetzer, Jonas: *Heiner Finkbeiners größter Fehler: „Unsere Mitarbeiter, die Ressoure Mensch, haben wir nicht im Blick gehabt"*, 2016. http://www.impulse.de/management/unternehmensfuehrung/heiner-finkbeiner/3417582.html, letzter Zugriff am 22. 4. 2017.

Hofmann, Alex: *Der Airbnb-Gründer zu der Geschichte hinter seinem Milliarden-Startup*, 2016. http://www.gruenderszene.de/allgemein/nathan-blecharczyk-airbnb-interview, letzter Zugriff am 29. 4. 2017.

Jörges, Hans-Ulrich: *Uber Josef Ackermann*, Stern Nr. 44/2008 vom 23. Oktober 2008, S. 60.

Kim, W. Chan / Mauborgne, Renée: *Der blaue Ozean als Strategie. Wie man neue Märkte schafft, wo es keine Konkurrenz gibt.* München / Wien: Carl Hanser Verlag, 2005.

Krenzer, Jürgen: *Markenhoheit: Wer hat hier eigentlich das Sagen?*, 2016. http://www.impulse.de/management/marketing/markenhoheit/3545349.html?utm_source=unternehmernews&utm_medium=newsletter&utm_campaign=2016%2F12%2F16, letzter Zugriff am 10.4.017.

Kreuz, Peter: *Das wahre Problem ist nicht das, was die meisten Menschen denken*, 2016. https://www.xing.com/news/insiders/articles/das-wahre-problem-ist-nicht-was-die-meisten-menschen-denken-479007?sc_p=da863_bn&xing_share=news, letzter Zugriff am 8. 5. 2017.

Lammers, Lena: *Joy Mangano: Mit einem Mopp zur millionenschweren Selfmade-Frau*, 2015. https://editionf.com/Jennifer-Lawrence-in-der-Rolle-von-Joy--alles-ausser-gewoehnlich, letzter Zugriff am 9. 4. 2917.

Manomama.de: http://www.manomama.de/shop/story, letzter Zugriff am 10. 5. 2017.

Meinstartup.com: *Erfolgsgeschichte Airbnb.de: Weniger der Besitz zählt, sondern außergewöhnliche Erlebnisse.* http://www.meinstartup.com/erfolgsgeschichte-airbnb-com-weniger-der-besitz-zaehlt-sondern-aussergewoehnliche-erlebnisse/, letzter Zugriff am 29. 4. 2017.

Mockridge, Matthew: *Dein nächstes großes Ding. Gute Ideen aus dem Nichts entwickeln.* Offenbach: GABAL, 2016.

Nivea.de: https://www.nivea.de/shop/produkte/, letzter Zugriff am 14. 4. 2017.

Panknin, Thorsten: *Mornin' Glory verschickt Rasierklingen im Abo – Und das mit Attitüde,* 2013. https://www.deutsche-startups.de/2013/01/17/mornin-glory-rasierklingen-versand-mit-attitude/, letzter Zugriff am 28. 4. 2017.

Parkinson, Cyril Northcote: *Parkinsons Gesetz und andere Untersuchungen in der Verwaltung.* Düsseldorf: Econ, 1960.

Peikert, Denise: *Warum Betrüger immer so übertreiben müssen,* 2016. http://www.faz.net/aktuell/gesellschaft/kriminalitaet/s-k-prozess-in-frankfurt-mit-jonas-koeller-stephan-schaefer-14234092.html, letzter Zugriff am 9. 3. 2017.

PM Automic: *Innovationen: Konzerne können von Start-ups lernen,* 2014. http://www.mediadefine.com/page,aktuelle-nachrichten-strategie-business-development,innovationen-konzerne-start-ups,0,0,40,0,de.htm, letzter Zugriff am 26. 5. 2017.

Pöhner, Ralf: *Zimmer frei,* 2013. http://www.zeit.de/2013/47/onlinevermietung-privatunterkuenfte-airbnb, letzter Zugriff am 29. 4. 2017.

Prabel, Wolfgang: *Ein Mausoleum für das Bauhaus*, 2014. http://www.prabelsblog.de/2014/01/ein-mausoleum-fuer-das-bauhaus/, letzter Zugriff am 11. 3. 2017.

Priestley, Daniel: *Key Person of Influence. The Five-Step Method to become one of the most highly valued and highly paid people in your industry.* Gorleston: Rethink Press, 2014.

Prüfer, Tillmann: „Hallo Fans!", 2013. http://www.zeit.de/2013/50/wolfgang-grupp-trigema, letzter Zugriff am 15. 3. 2017.

Rausch, Melissa: *Walldürner Milchhäusle lockt die Kunden an*, 2015. http://www.rnz.de/nachrichten/buchen_artikel,-Wallduerner-Milchhaeusle-lockt-die-Kunden-an-_arid,125188.html, letzter Zugriff am 8. 3. 2017.

Robinson, Ken: *Begeistert leben. Die Kraft des Unentdeckten.* Salzburg: Ecowin, 2014.

Scherer, Katja: *Warum gehen großen Unternehmen die Ideen aus?* Brand eins 11/2014. https://www.brandeins.de/archiv/2014/scheitern/warum-gehen-grossen-unternehmen-die-ideen-aus/, letzter Zugriff am 26. 5. 2017.

Scherer, Katja: *Der Ganzgroßbauer*, 2016. http://www.zeit.de/2016/03/siegfried-hofreiter-agrar-industrie-unternehmer, letzter Zugriff am 14. 3. 2017.

Schlöbe, Oliver: *Überwachungsstaat USA*, 2006. https://www.schloebe.de/2006/07/ueberwachungsstaat-usa/, letzter Zugriff am 31. 3. 2017.

Schüller, Anne: *Touch. Point. Sieg. Kommunikation in Zeiten der digitalen Transformation.* Offenbach: GABAL, 2016.

Dies.: *Phasen einer Customer Journey*, 2017 (1). http://www.business-wissen.de/artikel/beispiel-phasen-einer-customer-journey/, letzter Zugriff am 14. 4. 2017.

Dies.: *Preisverhandlungen: Fünf Wege aus der Rabattfalle*, 2017 (2). http://vertriebszeitung.de/preisverhandlungen-fuenf-wege-aus-der-rabattfalle/, letzter Zugriff am 9. 5. 2017.

Sinek, Simon: *Frag immer erst: Warum. Wie Führungskräfte zum Erfolg inspirieren*. München: Redline, 2009.

Ders.: *Leaders eat Last. Why Some Teams Pull together and Others Don't*. London: Penguin, 2013.

Sower, Victor E. / Duffy, Jo Ann / Kohers, Gerald: *Benchmarking for Hospitals: Achieving Best-in-Class Performance Without Having to Reinvent the Wheel*, 2007. http://asq.org/healthcare-use/why-quality/great-ormond-street-hospital.html, letzter Zugriff am 8. 3. 2017.

Taylor, William C.: *Are you humbitious enough to lead?*, 2013. http://www.dailygood.org/story/458/are-you-humbitious-enough-to-lead-william-c-taylor/, letzter Zugriff am 14.3.2017.

Türk, Andreas: *Familienfreundliche Hotels: Alles, was Kinder und Eltern wollen*, 2015. http://gastgewerbe-magazin.de/familienfreundliche-hotels-alles-was-kinder-und-eltern-wollen-33479, letzter Zugriff am 1.4.2017.

Welt.de / dpa: *So wurde dieser Spanier mit Zara zum reichsten Europäer*, 2016. https://www.welt.de/wirtschaft/article153718539/So-wurde-dieser-Spanier-mit-Zara-zum-reichsten-Europaeer.html, letzter Zugriff am 23. 4. 2017.

Wikipedia.de: *Boxenstopp*. https://de.wikipedia.org/wiki/Boxenstopp, letzter Zugriff am 8. 3. 2017.

Youtube.com (1): *Schnelles Leben. X-Box Werbung*, 2009. https://www.youtube.com/watch?v=imoOBRs4UxY, letzter Zugriff am 14. 5. 2017.

Youtube.com (2): *Menschliche Ärzte, Teil 1 von 3*, 2009. https://www.youtube.com/watch?v=JXPUPi5FxIo, letzter Zugriff am 14. 5. 2017.

Zeug, Kathrin: *Mach' es anders!*, 2013. http://www.zeit.de/zeitwissen/2013/02/Psychologie-Gewohnheiten/komplettansicht, letzter Zugriff am 16. 3. 2017.

Danksagung

DANKE!
Viele sehr fleißige Profis haben mich bei der Entstehung und Veröffentlichung dieses Buches mit Verstand, Herz und Händen unterstützt. Mit ihnen zusammen arbeiten zu dürfen, ist ein Privileg. Mein Dank kommt tief aus meinem Herzen.

Dr. Sonja Ulrike Klug
Vielen Dank für Ihr Vertrauen, Ihre Professionalität, Ihre Hingabe, Ihre Präzision und Ihre wunderbar herzliche und geduldige Art und Weise, dieses Buchprojekt durchzuführen. Es ist ein großes Privileg, Sie an seiner Seite zu haben. Ohne Ihre Unterstützung und liebenswerte Hartnäckigkeit wäre dieses Buch niemals entstanden.

Dr. Petra Begemann
Vielen Dank für ein wunderbares Fundament und den Startschuss zu einem großen Abenteuer.

Dr. Petra Folkersma
Vielen Dank für die präzise, fundierte und liebevolle Arbeit.

Petra Graf
Mit Liebe zum Detail haben Sie den Bär Bruno zum Leben erweckt und das Buch mit weiteren Zeichnungen maßgeblich geprägt. Tausend Dank!

Dr. Benjamin Wessinger
Danke für Dein Vorwort! Als treuer Leser der DAZ, Kollege und Freund ehrt es mich, dass Dein Vorwort Teil dieses Buches ist.

Gero Altmann:
Als Freund, Kollege und Experte in meinem Buch. Danke Dir, lieber Gero!

Siegfried Fink:
Der Tradition verpflichtet, an der Zukunft orientiert. Danke Dir, lieber Siegfried!

Ulrich Brandl:
Ein Querdenker, der wie kein anderer durch die Augen seiner Kunden blickt. Vielen Dank, Ulrich Brandl!

Jim Walker:
Rock'n' Roll!

Mein Team
Ihr seid die Besten! Danke, dass Ihr mir immer und überall als Team und Helfer zur Seite steht und Walldürn jeden Tag ein wenig besser macht. Auf den Schultern von Giganten.

Stephy
Nichts, was Worte beschreiben könnten.

Über den Autor

Jan Reuter lebt den Blick über den Tellerrand. So studierte er nicht nur Pharmazie in München, sondern als selbstständiger Apotheker berufsbegleitend auch „Biologische Medizin" an der Universität Mailand und „Komplementäre Medizin, Kulturwissenschaften, Heilkunde" an der Europa-Universität Viadrina (FFO). Parallel dazu entwickelte er eine gut eingeführte Kleinstadt-Apotheke zu einem überregionalen Anziehungspunkt für Patienten in modernem Ambiente mit überdurchschnittlich vielen Kunden pro Tag, mit Dutzenden eigener Hausmarken (z. B. homöopathische Komplexmittel), Skype-Sprechstunde und ganzheitlicher Kundenberatung („menschenorientierte Pharmazie"). Er ist für mehrere Unternehmen, insbesondere der Pharmabranche, als Berater tätig, war Dozent an der Europa-Universität Viadrina sowie an der Steinbeis-Hochschule, Berlin. Vorträge hält er zu unternehmerischen Themen wie Positionierung, Social Media-Marketing und Branding für Apotheken und andere KMUs, sowie zu Branchenfragen wie Schulmedizin, Naturheilkunde, Entgiftung und Ausleitung.

www.centralapo.de und www.jan-reuter.com.

Stichwort- und Personenverzeichnis

Dein Leben

Inspirierende Impulse und praktische Tipps, die Ihr Leben leichter, besser und schöner machen.

Dein
Leben

Marco von Münchhausen
Konzentration

ISBN
978-3-86936-719-4
€ 19,90 (D)
€ 20,50 (A)

Steffen Ritter
Selbstbewusstsein

ISBN
978-3-86936-724-8
€ 19,90 (D)
€ 20,50 (A)

Katharina Maehrlein
Achtsamkeit ganz praktisch
ISBN 978-3-86936-759-0
€ 15,00 (D) / € 15,40 (A)

Thomas Tuma
Der moderne Mann
ISBN 978-3-86936-728-6
€ 15,00 (D) / € 15,40 (A)

Christo Foerster
Dein bestes Ich
ISBN 978-3-86936-723-1
€ 29,90 (D) / € 30,80 (A)
Nicht als E-Book erhältlich

Cordula Nussbaum
Geht ja doch!
ISBN 978-3-86936-626-5
€ 24,90 (D) / € 25,60 (A)

Kathrin Sohst
Zart im Nehmen
ISBN 978-3-86936-688-3
€ 24,90 (D) / € 25,60 (A)

Stephen R. Covey
Die 7 Wege zur Effektivität für Familien
ISBN 978-3-89749-728-3
€ 29,90 (D) / € 30,80 (A)

 Alle Titel auch als E-Book erhältlich

gabal-verlag.de

Bei uns treffen Sie Entscheider, Macher ... Persönlichkeiten, die nach vorne wollen

Seit 40 Jahren bildet der GABAL e.V. ein Netzwerk für Menschen, die sich mit Persönlichkeitsentwicklung, Weiterbildung und Führungskompetenz befassen.

„Austausch, Praxisnähe, Inspiration und Professionalität – dafür ist GABAL e.V. mit seinen Angeboten ein Garant."
(Anna Nguyen, Lecturer Universität zu Köln)

Drei gute Gründe, warum sich rund 800 Mitglieder für GABAL entschieden haben und warum auch Sie dabei sein sollten:

1. Neue Impulse, Ideen und Strategien auf regionalen und nationalen Veranstaltungen mit White Papers, Webinaren, Newsletter und Printmagazinen.

2. Sie treffen sowohl Trainer, Berater und Coaches als auch Führungskräfte und Entscheider.

3. Sie erhalten viele wertvolle Vorteile, wie das Fachmagazin wirtschaft+weiterbildung, jährlich einen Buchgutschein im Wert von 40 € und vieles mehr ...

GABAL e.V.
Budenheimer Weg 67
D-55262 Heidesheim
Fon: 0 61 32 / 509 50 90
info@gabal.de

Neugierig geworden?
Besuchen Sie uns auf
www.gabal.de